中国城市地质信息化发展现状与需求分析

Development and Requirement Analysis of Urban Geological Informatization in China

朱吉祥　张永波　周小元　王乾　等　著

测绘出版社
·北京·

内容简介

本书首先分析了上海、北京等国内典型城市地质信息化系统(GIS 数据库)的功能框架、研发路线与运行现状,然后归纳总结了目前我国城市地质信息化系统的主要特点与问题,通过分析不同城市管理部门对地质信息的差异性需求,说明了城市地质信息化工作应如何以这些需求为导向,进行系统框架、研发路线的确定,最后以"透明雄安城市地质信息化系统建设"项目在面向市政需求方面的调研成果为基础,全面论述了中国城市地质信息化建设过程中开展需求分析的技术方案,更好地服务于我国城市地质信息化和地理信息系统与数据库建设的相关研究工作。

图书在版编目(CIP)数据

中国城市地质信息化发展现状与需求分析 / 朱吉祥
等著. -- 北京 : 测绘出版社,2023.10
　　ISBN 978-7-5030-4333-8

　　Ⅰ. ①中⋯　Ⅱ. ①朱⋯　Ⅲ. ①城市—区域地质—信息
化—研究—中国　Ⅳ. ①P562

中国国家版本馆 CIP 数据核字(2023)第 190485 号

中国城市地质信息化发展现状与需求分析
Zhongguo Chengshi Dizhi Xinxihua Fazhan Xianzhuang yu Xuqiu Fenxi

责任编辑	陈西娅		封面设计	李　伟		责任印制	陈姝颖
出版发行	测绘出版社		电　话	010—68580735(发行部)			
				010—68531363(编辑部)			
地　址	北京市西城区三里河路 50 号						
邮政编码	100045		网　址	http://chs.sinomaps.com			
电子信箱	smp@sinomaps.com		经　销	新华书店			
成品规格	184mm×260mm		印　刷	北京建筑工业印刷有限公司			
印　张	8.875		字　数	215 千字			
版　次	2023 年 10 月第 1 版		印　次	2023 年 10 月第 1 次印刷			
印　数	001—500		定　价	59.00 元			

书　号　ISBN 978-7-5030-4333-8

本书如有印装质量问题,请与我社发行部联系调换。

目　录

第1章 城市地质发展现状与存在的问题

城市地质信息系统建设是城市发展与服务的基础性工程之一,是国内外各大城市现阶段发展的主要突破方向之一。本章将会系统介绍城市地质的发展历程及国内的发展现状,并通过调研国内典型的城市地质信息系统,以城镇作为重点调研对象,分析每一个城市的地质信息系统及相关平台配套软件在构建、服务及运营方面的特点与现状,进而阐明现阶段我国城市地质信息系统发展的现状与存在的问题。

§1.1 城市地质面临的形势

党的十九大确立了习近平新时代中国特色社会主义思想,开启了全面建设社会主义现代化国家新征程,要求坚定不移贯彻新发展理念,实施区域协调发展战略,以城市群为主体构建大中小城市和小城镇协调发展的城镇格局;加快生态文明体制改革,建设美丽中国;要求城市工作要贯彻五大发展理念,转变城市发展方式,完善城市治理体系,提高城市治理能力,着力解决城市病等突出问题,提高城镇化水平。为深入贯彻落实党中央、国务院关于推进生态文明建设的重大决策部署,全力支撑自然资源部履行"两统一"使命,党中央、国务院对城市地质工作提出了明确的指示要求。2016年7月5日,李克强总理在湖南岳阳召开的部分省份防汛工作会议上,要求自然资源部牵头,抓紧进行详查,加快摸清城市地下情况。在2017年政府工作报告中,李克强总理明确提出要统筹城市地上地下建设,加强城市地质调查。这是城市地质调查工作首次出现在中央政府工作报告中,具有里程碑式的意义。

城市地质工作是城市规划建设的重要基础,贯穿于城市运行管理的全过程。做好城市地质工作,对推进我国新型城镇化建设具有非常重要的现实意义和战略意义。中国地质调查局党组坚持需求导向、问题导向和目标导向,提出要加快推进地质工作"三个根本性转变",全力推进地质调查事业转型升级。原国土资源部部长姜大明在2017年全国自然资源工作会议上强调,把加强城市地质工作作为战略任务来抓,明确要求开展地下空间三维调查、城市地下空间利用示范,评估城市地下空间资源潜力和利用前景,加快查清城市地下三维地质结构,推进城市立体发展和地下空间安全利用。中国地质调查局党组积极贯彻落实党中央、国务院的指示要求以及原国土资源部党组的决策部署,在2017年全国地质调查工作会议上,钟自然局长提出要精准了解新型城镇化对城市地质工作的需求,加大力度推进调查工作。2020年7月,局党组制定并印发了《地质调查支撑服务生态文明建设和自然资源管理的实施意见》,以提升地质调查支撑服务生态文明建设和自然资源管理的广度、深度、精准性及有效性为目标,积极推进新时期地质调查支撑生态文明建设和自然资源管理工作的顶层设计,部署编制地质调查支撑自然资源综合调查、水资源管理、国土空间规划、国土空间用途管制、国土空间生态保护修复、自然资源督察和执法、海洋战略规划与开发利用保护监管、海洋权益维护、自然资源领域军民融合发展、构建自然资源管理统一信息平台、自然资源战略规划政策和标准规范研究制定、打造科技创新核心支撑能力等总体设计,旨在实现5至10年内地质调查全方位支撑服务国家生态文明建设和自然资源管理未来发展的理想愿景。

党的二十大阐述了马克思主义中国化时代化新境界、中国式现代化的中国特色和本质,对全面建设社会主义现代化国家、全面推进中华民族伟大复兴进行了战略部署,明确了未来一个时期党和国家事业发展的目标任务和战略部署,落实统筹推进"五位一体"总体布局、协调推进"四个全面"战略布局;强调了坚持完整、准确、全面的新发展理念,加快构建新发展格局,着力推动高质量发展,为我国地质调查,特别是城市地质调查和研究工作指明了方向。在 2023 年全国地质调查工作会议上,李金发局长以二十大精神为指导,研判中国地质调查工作面临的新形势新任务,强调了地质调查工作,特别是城市地质调查工作,要服务于国家能源战略,要服务于国家生态文明建设和自然资源管理需求,要服务于国家和地方的防灾减灾工作,要服务于国家海洋强国建设,要服务于国家"一带一路"发展方针,要服务于区域协调发展和重大工程建设。

当前城市地质工作面临的新形势,对城市地质调查与研究提出了更高的要求:一方面,要求城市地质调查与研究工作为跨区域的大型城市群规划与建设提供支撑;另一方面,要求城市地质调查与研究工作为综合城市地质问题的解决提供精细尺度上的解决方案。具体来讲,政府在制定城市规划、建设与发展方针时,应更加注重环境效应,在建设选址、环境保护等方面更多地向自然因素倾斜;应更深层次地挖掘城市地质的社会与经济效益,包括海绵城市建设、湿地公园建设、地质公园建设等;同时,强化了前期在自然资源开采、城市建设过程中遗留的城市地质问题的治理。

§1.2　国内外城市地质工作

1.2.1　国外城市地质工作概况

1862 年,奥地利地质学家 Eduard Suess 编写的《维也纳市地质》,是城市地质的第一本学术专著。现代意义上的城市地质工作主要是在第二次世界大战以后发展起来的。随着工业化和城镇化的不断推进,城市地质在工作区域、工作思路、工作内容、调查评价方法及成果服务等方面都在不断发展。

城市地质的工作区域从单个城市扩展到城市群地区乃至国土规划经济开发区;工作思路从调查分析单一的地质问题转变为从整体上综合考虑城市规划、发展的需求,从定位于地质问题研究分析发展为城市社会经济可持续发展的决策支撑;工作内容从单纯查清地质条件发展为涵盖废弃物处置、水土污染防治、地质灾害风险性评估、地下水脆弱性评价、多目标地球化学、生态地质调查等多种内容的综合调查研究;工作方法从利用地球化学和物探技术为勘探开发服务扩展为多学科、多种先进的勘察、检测、分析技术相互结合;评价思路从定性描述深入到定量分析;地质信息从编制纸介质的图件、报告提升到建立空间数据库和地理信息系统(geographic information system,GIS)平台上的地学信息系统,从而实现信息及时更新、动态评价和社会共享。

21 世纪伊始,以整体观点研究城市地质问题的工作得以深化,即以适当的指标体系定量表征城市地质质量,进而建立健全相应的监测系统,并将其纳入城市环境总体管理的轨道。英国、德国、法国、美国、加拿大、日本等国家城市地质工作的基础好,城市地质调查和填图任务已基本完成,开始向广度和深度发展。"动态化、超前化"是近年来这些国家城市地质工作的特点。现代城市地质工作有以下几个发展趋势。

一是城市地质工作重心将倾向于已有地质数据的管理、更新与重构,构建城市三维(three-dimensional,3D)或四维(four-dimensional,4D)地质模型。发达国家已经完成了国内大部分主要城市的地质工作,如英国已在 40 余个城市开展了城市地质填图工作,目前倾向于针对各个城市已有数据开展整理与三维模型化,构建城市地质数据库进行更新、管理与维护,并在此基础上建立全国尺度的区域性三维地质模型。

二是城市地质数据与信息的发展方向将倾向于地质模型结合已有的网络软件(如 Google Earth)进行发布,并构建数据交流平台。采用已有的网络软件可让非专业人员在不需要培训的情况下查询、缩放和选择地质数据与地学信息。通过构建数据交流平台,可了解不同部门开展的相关工程活动,集成其他成果数据,吸收用户反馈意见,完善城市地质成果,提升各类地下数据及地质成果的可用性等。

三是城市地质调查工作内容和服务对象在不断扩展,面临着解决成果应用服务机制的问题。城市地质所涵盖的内容是发展的、动态的,其工作重点由最初的城市规划所需地质信息逐渐发展为囊括城市决策层在城市规划、发展、建设和管理过程中对地质资源利用、地质安全保障和地质条件优选等方面所需系统的、全面的地质信息。伴随着城市地质数据与成果的丰富,如何让数据与成果在非专业的政府管理者及社会公众中得到有效利用将会是城市地质工作需要解决的难点。

四是城市地质学术研讨、成果交流与项目合作等得到进一步加强,国际社会组织在这方面起着越来越重要的作用。在城市地质工作的发展过程中,国际社会组织通过实施研究计划、组织学术研讨、编撰城市地质专著等活动,促进了各国城市地质工作方法、成果等方面的交流,极大地提升了城市地质工作在城市规划、建设和管理等过程中的有效应用,提高了城市地质工作的影响力,对城市地质研究工作的发展起到了至关重要的促进作用。伴随着世界各国城市地质工作的大力发展,国际社会组织将为学术研讨、成果交流与项目合作提供更多的契机。

1.2.2　我国城市地质工作概况

1999 年实施自然资源大调查以来,我国在城市地质调查方面主要开展了 4 个方面的工作。

一是完成了 306 个地级以上城市地质环境资源摸底调查。2004 年至 2012 年开展全国主要城市环境地质调查,初步查明了滑坡崩塌泥石流、地面沉降、水土污染、活动断裂、矿山地质环境问题等各类城市环境地质问题,摸清了地下水、地热、矿泉水、地质景观等地质资源状况。

二是完成了 6 个城市三维地质调查试点。2004 年至 2009 年,与上海、北京、天津、广州、南京、杭州 6 个市政府合作,开展三维城市地质调查,系统建立了城市地下三维结构,以及三维可视化城市地质信息管理决策平台和面向公众的城市地质信息服务系统。通过 6 个城市的试点工作,建立了各城市松散层的三维地质结构、工程地质结构与水文地质结构;开展了区域地壳稳定性评价、建筑场地适宜性评价;科学评价了地下空间开发利用的适宜性程度,并系统提出了地下空间开发利用过程中可能遇到或诱发的地质问题的防治对策和措施;系统获得了城市生态地球化学数据;建立了城市地质动态数据库和城市三维可视化的地学信息管理和服务系统;建立了城市地质调查的技术规范和技术方法体系,以示范、指导地方政府开展城市地质工作。

　　三是与地方政府合作的试点工作经验推广。在总结试点城市地质工作经验的基础上,从 2009 年开始,采用部、省、市多方合作模式,完成了福州、厦门、泉州、苏州、镇江、嘉兴、合肥、石家庄、唐山、秦皇岛、济南等 28 个城市地质调查工作。

　　四是以城市群为单元推进的综合地质调查。2010 年以来,为服务国家区域战略和主体功能区划的需求,组织开展了京津冀、长江三角洲、珠江三角洲、海峡西岸、北部湾、长江中游、关中、中原、成渝等重点城市群综合地质调查工作。

　　另外,瞄准国家重大需求,强化精准服务。打破专业界限,创新成果表达内容和方式,编制了一系列自然资源与环境地质图集、对策建议报告,在服务城市和城市群的空间布局、产业发展、生态环境保护、重大地质问题防治等方面发挥了重要支撑作用。其中,北京城市副中心、雄安新区、京津冀、粤港澳大湾区等地区的地质成果服务成效尤为明显。

§1.3　我国典型城市地质信息系统建设

　　城市地质信息系统起源于 20 世纪 80 年代,当时国外城市地质工作者运用电子自动化工具进行填图工作。基于此,规划者、决策者和工程师比过去更加容易获取这些主题图,并可根据需要及时地提取有用信息。20 世纪 90 年代初,英国地质调查局启动了"伦敦计算机化地下与地表项目(LOCUS)"项目。该项目的目标是生产用于土地利用规划、土木工程建设,以及解决地质和环境问题的各种主题图件。与此同时,加拿大地质调查局刷新了首都地区的地球科学数据库。1993 年,新的城市地质计划启动时,加拿大地质调查局已经通过地理信息系统(GIS)完成了各类地图的数字化。随后,城市地质工作转向重视城市经济可持续发展的综合研究、地质指标体系的研究、城市环境地质工作超前服务战略的研究。特别是 20 世纪 90 年代后期到本世纪初,随着三维计算机软件的日益发展和成熟,利用各种钻孔和地球物理测井等资料,建立城市三维地质模型成为一种趋势。例如,意大利佛罗伦萨城市地质工作组利用钻孔数据库,建立了佛罗伦萨盆地前湖盆相沉积物的三维几何形态、沉积序列和地质构造的三维模型。

　　与发达国家相比,我国城市地质信息化工作启动较晚。随着我国经济的飞速发展与城镇化建设进程的快速推进,信息化成为了时代发展的主流。对于地质行业而言,城市地质也成为地质工作的新阵地。对城市地质数据进行分析与处理,并配以一定可视化地质信息分析、共享体系,即可构建城市地质信息系统。

　　城市地质数据是城市规划、建设和管理的重要参考数据,具有基础性、多尺度、三维分布、多源异构等特征。城市地质信息系统是指对城市地质数据进行加工、处理,并配以一定可视化表现手段的地质信息分析、共享系统,是实现"数据→信息→知识→价值"转换的关键环节,而城市地质数据中心则是城市地质信息的关键载体。

　　从 20 世纪 90 年代后期开始,北京、天津、上海、广州等大城市首先开始城市工程地质 GIS 系统的研究与建立,尝试使用 GIS 技术建立城市工程地质信息系统,如北京理正软件设计研究院有限公司开发的"工程地质数据管理系统"、天津市勘察院开发的"城市工程地质信息系统"、天津地质调查院开发的"天津城市地质信息管理与服务系统"、上海市地质调查研究院开发的"上海市工程地质信息系统"、广州市市政工程设计研究院开发的"广州城市地质信息系统"、广州大学土木工程学院开发的"城市工程地质信息系统"等。它们在完成原有基本数据的数字化输入基础上,基本实现了 CAD、Office 等各种形式的数据输出,具备不同程度的信息管理功能。

　　就目前而言,城市地质信息系统模拟理论与应用技术尚处于摸索阶段,系统的开发也面临极大的挑战。各大城市已经开展了包括市级基础地质、工程地质、水文地质等地质环境调查工作,并建立了相应的地质信息系统。但是这些系统在功能上大同小异,由于缺乏统一的数据库建设规范,各个系统数据库也相对孤立,影响了信息的共享。

1.3.1　北京城市地质信息管理与服务系统建设

　　北京城市地质信息管理与服务系统(图 1-1),是一个数字化、立体化、可视化、智能化的城市地学信息管理与服务平台,它充分利用现代数据库技术、GIS 技术、三维可视化技术及计算机网络技术,集成了多专业基础地质数据近 5 万条、各类成果图件 500 余张,具有强大的数据管理、查询、检索、统计、分析等功能,不仅可以生成各类统计图表、时序曲线图、调查点空间分布图,而且可以利用三维可视化技术,把地层三维地质结构及地下水活灵活现地演示出来。

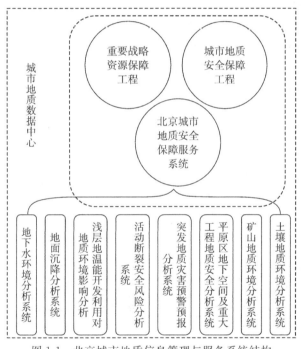

图 1-1　北京城市地质信息管理与服务系统结构

1. 北京市多参数立体地质调查信息管理与服务系统

　　北京市多参数立体地质调查信息管理与服务系统是我国首个城市智能化三维地质信息管理与服务系统,也是世界上首个特大型首都城市智能化三维地质信息管理与服务系统。其城市地质数据库管理与服务系统达到国际领先水平(图 1-2)。

2. 北京市平原区地下水环境监测网信息管理系统

　　北京市平原区地下水环境监测网信息管理系统数据分为基础地质数据库、水文地质数据库、环境地质数据库三大部分,是在北京城市地质信息管理与服务系统的基础上,依据水文地质和国家关于地下水生活用水的相关行业标准,以及地下水信息系统方面的相关政策建立起来的。它以水文地质属性数据和空间数据、地下水位和地下水质历史数据、地下水位和地下水质实时监测数据为基础,进行专业的分析评价与应用(图1-3)。整个系统分为四个层次:系统数据库建设、数据库管理功能开发、数据的专业分析与应用、三维模拟与成果展示。

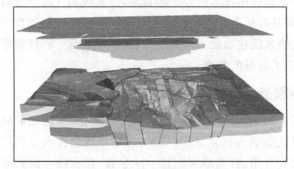

图1-2　北京市多参数立体地质调查信息管理与
服务系统显示北京平原区基岩地层模型

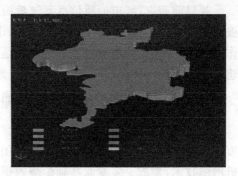

图1-3　北京市平原区地下水含水层
三维结构模型

3．北京城市地质安全保障服务系统

北京地质矿产勘查开发局依据《北京市"十一五"时期地质勘查发展规划》提出北京城市地质的总体规划:一个数据中心、两项工程、一个系统(包括八大专业应用系统)。一个数据中心即城市地质数据中心;两项工程包括重要战略资源保障工程、城市地质安全保障工程;一个系统即北京城市地质安全保障与服务系统(图1-4、图1-5),涉及地下水环境、地面沉降、浅层地温、活动断裂、突发性地质灾害、地下空间、矿山地质环境、土壤地质环境等内容的八大专业应用系统。

其中:地下水环境分析系统一方面建设平原区地下水环境分析系统,通过监测网对地下水质进行长期、系统的监测与评价,全面、准确地掌握北京市平原区地下水环境质量及其变化规律,另一方面建立监测网络及相应的数据库,实现水环境监测信息的多元化、可视化;地面沉降分析系统基于地面沉降动态监测数据库,建立基于GIS的地面沉降分析系统,主要包括地面沉降监测数据处理、相关专业图件和统计图表制作及地面沉降专业分析。

图1-4　北京城市地质安全保障与服务
管理系统界面

图1-5　北京城市地质安全保障与服务
发布系统界面

4．北京深部环境工程地质适宜性评价分析系统

北京深部环境工程地质适宜性评价分析系统意在将综合研究的成果利用三维建模、三维可视化及仿真技术,通过应用软件系统展示各种三维模型及分析结果。系统主要模型包括地质结构模型(图1-6)、地表水体模型(图1-7)、地质属性模型(图1-8)、地下水位模型(图1-9)、地下水分布及地面沉降模型(图1-10)、地表构建筑物模型等(图1-11、图1-12)。

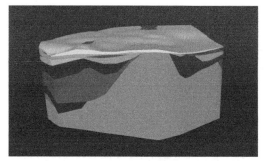

图 1-6　地质结构模型示例

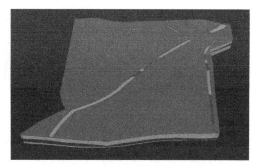

图 1-7　河流水渠模型示例

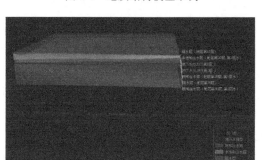

图 1-8　地质属性示例

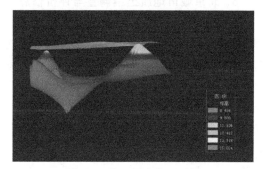

图 1-9　第一层水位面示例

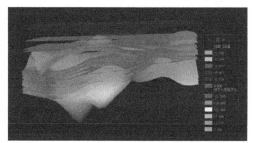

图 1-10　地下水分布及地面沉降模型示例

图 1-11　某区域建筑批量拉伸示例

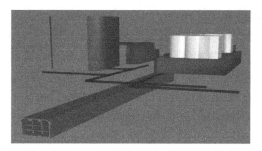

图 1-12　地铁站隧道、管线、建筑综合示例

5. 北京公路高边坡地质灾害监测系统

北京公路高边坡地质灾害监测系统(图 1-13、图 1-14)主要分为崩塌监测预警系统开发、系统集成服务两大工作内容。崩塌监测预警系统开发主要包括综合应用数据库建设、数据采集、数据管理、监测预警、Web 展示预览、信息共享交换与服务。系统集成服务主要包括与市交委、气象局、水利局单位之间的信息集成与共享。

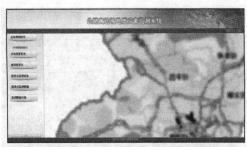

图 1-13　北京公路高边坡地质灾害监测系统界面

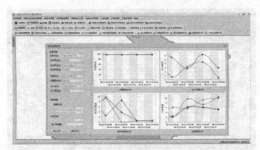

图 1-14　北京公路高边坡地质灾害监测分析

6. 北京城市地质土壤调查与评价信息系统

北京城市地质土壤调查与评价信息系统的功能可分为土壤调查信息数据库的设计和建库、土壤调查数据管理、土壤调查、土壤评价分析(图 1-15、图 1-16)、系统管理。主要数据类型包括:基础数据、基础图件、成果报告、垃圾填埋场数据、工厂及搬迁区数据、元素富集致病隐患区数据、新农村建设适宜产业区数据、矿山开采土壤污染隐患区数据。其专业分析功能主要包括:土壤环境质量评价、土壤污染程度评价、生态风险评价、土地质量评价、农业种植警示区评价、工厂及搬迁区生态环境评价、垃圾填埋场生态环境评价、矿山开采土壤污染隐患区生态环境评价、元素富集致病隐患区生态环境评价、新农村建设适宜产业区生态环境评价等 10 种评价。

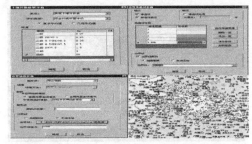

图 1-15　北京城市地质土壤调查评价在线数据分析

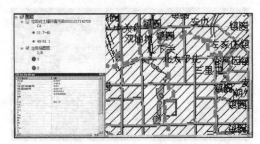

图 1-16　北京城市地质土壤调查评价在线投点

7. 北京市岩溶水资源信息系统

北京市岩溶水资源信息系统根据项目任务划分建立北京岩溶水资源空间数据库,开发岩溶水资源数据管理与服务功能、岩溶水资源分析功能、三维地质建模功能和成果综合展示功能(图 1-17),其应用模式采用了客户机与服务器(customer/server, C/S)模式和单机版两种模式。主要数据类型包括自然地理、基础地质、水文地质数据。系统主要利用岩溶水资源勘查评价工程所产生的数据进行专业分析(图 1-18),建立岩溶水资源分析系统,实现数据筛选、基础图表制作、三维地质建模等功能,建立水均衡法、泉水动态分析法、抽水试验法等,以及动态变化相关分析模型、水质评价模型、岩溶水易损性评价模型等专业模型,以满足岩溶水资源评价和制定岩溶水资源开发、利用、保护规划的需求。

8. 成果应用

城市地质调查成果已广泛应用于国土、规划、环保、水务、建设等众多领域,有力支持了首都的城市建设和经济社会发展,特别是在北京奥运会场馆选址建设、地铁建设、新城规划建设、垃圾处理厂选址、水源保护等一系列重大工作中发挥了基础支撑作用,应用价值特别高。其成果还在地下水水源地勘查、地下水环境监测、岩溶水调查、地热资源和浅层地温能资源勘查、矿山地质环境调查和治理、垃圾堆埋场地调查等工作中得以体现和进一步展开,为北京绿色可持续发展做出了应有的贡献。

图 1-17　北京市岩溶水资源信息系统界面

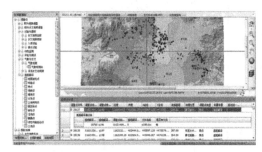
图 1-18　北京市岩溶水资源信息系统在线投点

1.3.2　上海城市三维地质信息平台建设

上海二维城市地质调查项目是全国城市地质调查试点项目之一,由中国地质调查局、上海市规划和自然资源管理局共同组织实施。中国地质调查局与上海市规划和自然资源管理局共同组建项目领导小组、联合办公室、专家咨询组,保障了项目的顺利实施和成果的广泛运用,并指导重大地质问题科技攻关、协助监督检查项目成果和质量。项目具体落实工作由上海市地质调查研究院承担。

项目实施期间,上海市以地球系统科学为指导,以现代地质理论和科学技术为支撑,在三维地质结构、水土环境地球化学背景、城市环境容量评价、地面沉降监测与生命线工程安全预警、信息系统建设等方面取得了突破性进展和创新性成果。项目成果在城市规划与建设、城市安全、土地利用规划与资源管理、生态农业与城市环境保护,以及一些专业研究等方面得到应用,切实服务了城市发展。

上海城市三维地质信息平台建设启动于 2004 年,历时 4 年于 2008 年通过评审验收,是一个集数据管理、三维建模与可视化、信息发布与共享、C/S 及浏览器与服务器(browser/server,B/S)混合的多层体系结构的大型 GIS 平台,实现了对城市地质及相关数据的管理,以及三维建模与可视化、信息发布与共享等功能(图 1-19)。

1. 上海三维城市地质调查工作成果

上海三维城市地质调查工作建成了地质资料信息共享平台(图 1-20),有效推进地质资料信息系统集群化和产业化,积极探索地质资料信息系统的多元化,在提高工作精度、建立土地质量监测网、全方位监测地面沉降、监测预警海岸带地质环境等方面,取得了一系列突破和创新成果。

(1)建立一系列地质结构模型进行地下空间开发适应性评价。重新厘定和统一了上海基础地质、工程地质、水文地质划分系统,首次建立了上海三维基岩地质、第四系地层、工程地质和水文地质结构模型(图 1-21,图 1-22),提高了城市地质调查工作的精度;重点开展了活动性断裂构造与地震活动性规律研究、第四系沉积模式研究、区域工程地质结构及其空间变化规律研究,使上海地质调查和研究提升到一个新的水平。基于全市海量钻孔数据的工程地质实时动态建模,项目组还建立了高精度三维工程地质结构模型。

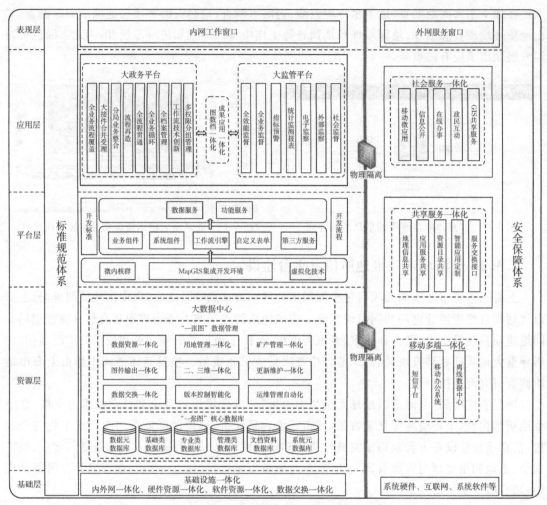

图 1-19 上海地质信息化总体架构

图 1-20 上海地质资料信息共享平台界面

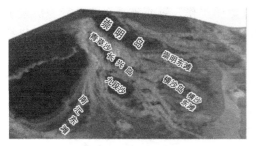
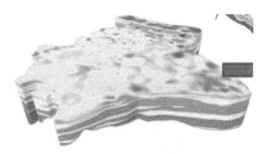

　　　　图 1-21　上海市三维地表模型　　　　　　　　　图 1-22　上海市三维地质模型

　　上海特有的地质条件和一系列环境地质问题给城市地下空间的开发建设带来了极大的难度,不仅加大了开发建设成本,而且严重威胁着地下工程的正常运营。对此,上海市结合中心城区地下空间开发规划,围绕地下空间开发中所面临的典型地质问题,首次开展了地下空间开发的地质环境适宜性评价。

　　(2)系统开展环境地球化学调查与地质环境容量评价项目期间,首次系统开展了上海土壤和浅层地下水地球化学调查,初步建立了土地质量动态监测网络。2004 年以来,上海开展了全市的地球化学调查工作,摸清该市土壤环境质量现状特征;2009 年以来,开展了基本农田环境质量监测工作;2010 年,开展了青浦、松江、嘉定、奉贤 4 个区的土地质量监测工作,建立了覆盖全区所有土地利用类型的土地质量监测网,同时开展了基本农田一级监测点采样工作。

　　此外,项目还系统开展了上海地质环境容量评价研究,建立了评价体系和评价模型,建立了地下水环境容量、土壤环境容量、地面建筑容量评价方法,并对上海城市规划开展了后评估研究。

　　(3)深度推进地面沉降防治上海地区的地质灾害以地面沉降、地裂缝为主,其产生多与人类工程建设活动有关。其中,自 1921 年进入快速沉降时期以来,地面沉降成为上海城市地质灾害的主要类型。

　　上海地面沉降发生在约 250～350 m 厚的第四系松散沉积地层中,主要因为不合理开采地下水而致。上海地面沉降监测以点、面结合的监测方式为主,综合应用全球定位系统(global positioning system, GPS)、GIS 和自动化等多种技术,立体、全方位地监测地面沉降、地下水位和地下水环境变化,严格防控城市地质灾害(图 1-23)。"点"上以基岩标、分层标组精确测量不同埋深度含水层及隔水层的变形动态;"面"上采用精密水准仪、卫星定位技术定期测量,结合合成孔径雷达干涉卫星遥感测量技术进行大面积沉降探测。

　　自 2000 年以来,上海市广泛运用地面沉降自动化检测技术,累计共建造 25 座自动化地面沉降综合监测站,地面沉降和地下水位监测逐渐由自动化监测技术替代。此外,上海市创新了三维地质结构与属性耦合模型构建方法,建立上海三维地面沉降模型;建立长江三角洲地面沉降监测联动机制,开发了长江三角洲地面沉降信息系统,并已投入运营。

　　(4)启动海岸带地质调查与监测预警。在整合了近百年长江口及海岸带地质环境数据的基础上,项目组建立了不同时期的海岸带三维地质模型,启动海岸带地质环境监测工作,跟踪监测海岸带地质环境变化,及时预警地质灾害。

　　在上海市财政资金支持下,上海市海岸带地质环境监测工作自 2009 年正式启动,监测内容主要包括海岸带海(河)床冲淤、沉积物环境质量、海堤地面沉降等内容,同时围绕重点后备土地资源潜力区、重大涉海工程沿线地区开展重点监测工作。每两年对全区进行一次系统的水下地形监测，对青草沙水库、东海大桥和金山石化3个典型工程周边的水下地形每年进行一次监测。

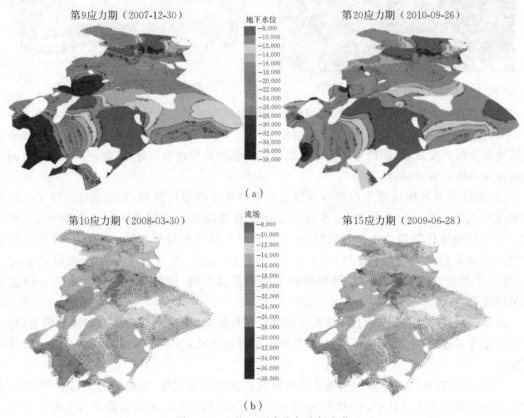

图 1-23　　上海地下水位与流场变化

2. 上海三维可视化城市地质基础信息与咨询服务系统

上海三维可视化城市地质基础信息与咨询服务系统的研发是我国首个启动的城市三维地质信息系统研发项目。系统基于 MapGIS 这一大型国产优秀地理信息软件平台研发，是一个实现"城市地质数据→城市地质信息→城市地质知识→城市发展价值"转换的信息化、网络化、可视化的大型集成三维数字化地质工作环境。系统包括城市地质数据采集与处理、城市地质数据管理维护、城市地质数据分析应用、城市地质信息共享与服务、城市地质成果汇报与展示等几个主要信息化环节。其实现了基于三级模式的综合地质信息集成与管理、基于模板和规则定制的地质专题图表生成、基于多源数据耦合的三维地质结构动态建模、基于克里金（Kriging）插值高精度三维地质属性模型快速构建等多项关键技术及创新，除完成了城市地质信息系统目标任务外，还完成了地下管线、地下建（构）筑物、多通道立体显示、滩涂资源管理等功能模块或应用系统的研发。

1）实现对城市地质多元数据的统一管理

系统以图层和目录树方式实现了地理底图、遥感影像、基岩地质、第四纪地质、工程地质、水文地质、地球物理、地球化学、地面沉降、滩涂资源、地下管线、地下建（构）筑物等多源、多期次、多比例尺、异构综合地质数据的一体化存储与管理，以及数据查询、统计、分析等多项基本功能,并在 MapGIS-TDE 三维平台基础上,建立起海量三维模型数据一体化存储管理与快速处理的机制,可对各类三维空间要素进行一体化存储管理(图 1-24)。

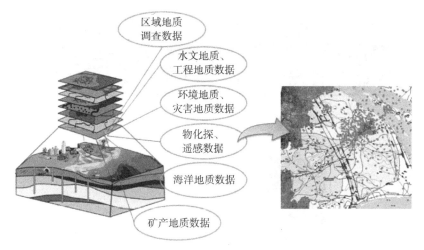

图 1-24　上海地质数据管理示意

2)提供多专业地质数据建模、可视化及分析功能

系统在二维软件平台的二维图像显示、空间分析等功能基础上扩展了三维地质建模及其分析功能,将二维和三维功能集成于同一系统中,实现了城市地质数据管理、分析应用,以及数据的动态交换。三维结构建模方面实现了基于钻孔的自动地层分级的三维地层结构动态建模、基于地质剖面等层状地质体三维建模、基于地质剖面的交互式复杂地质结构建模功能;属性体建模方面实现了基于克里金插值高精度三维地质属性模型快速构建。在实现基于多元、多方法的三维建模功能的基础上,开发了部分三维分析功能,包括模型属性查询与统计,面、体积量算,地质模型剖切,地质属性模型切割等。其中,基于空间三角网切割算法(TriCut)开发的地质模型任意切割基坑开挖、隧道模拟等功能是三维空间分析的一大亮点(图 1-25)。

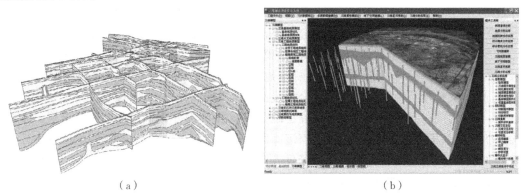

（a）　　　　　　　　　　　　　　　　　　　（b）

图 1-25　基于不同数据源与不同方法的三维地质模型

3)构建地质资料信息系统共享平台

通过建设上海城市地质信息门户——上海地质资料信息共享平台(https://data.sigs.cn),使网络用户能够通过网络浏览器访问上海地质资料信息共享平台的资源和服务功能,包

括城市地质信息系统政策与服务内容、三维地质模型信息、在线地质数据查询与服务、在线地质资料检索(图1-26)。

图1-26　上海地质资料信息共享平台界面

4)取得技术及实用性层面的突破

(1)海量数据的管理与操作。系统平台具有高效的海量数据的组织管理和操作能力,具有很强的实际应用价值。目前,在上海地质数据库中已经拥有近百万个工程地质钻孔、数十个各类地质结构模型与属性结构模型,总数据量已达万亿字节(TB)级。

(2)三维建模技术。三维地质模型构建是三维地质建模系统的基础和关键,只有首先生成符合精度要求、尽可能反映实际地质情况的地质模型,才有可能进行可视化、空间分析和其他专业应用。城市三维地质建模因数据源来源广、建模专业多样、建模目标不一,很难形成一套统一的数据建模方法。上海基于自身城市地质特点进行技术研发与应用,采用了多约束下层状地质体全自动建模、结构与属性一体化建模、多约束下的复杂地质体交互式半自动建模等技术。

(3)地上与地下一体无缝集成技术。地表、地上、地下空间目标的几何无缝集成三维建模是当前国际地球空间信息技术领域的前沿课题。它是分别对地形、地上和地下空间目标进行建模,然后通过建模的公共面,将地上目标与地形、地下目标与地形的两种集成模型进行几何无缝集成,建立地上与地下空间目标综合集成的三维空间数据模型。

(4)基于时间序列的模拟与预测。在三维分析技术中,基于时间维的动态分析是一种非常重要且极为有效的分析方法。例如,地面沉降的河口海岸地形的动态模拟,四维动态分析丰富了三维地理信息系统分析的过程,提供了更人性化、更直观的表达方法。

项目引进一些成熟的评价方法,如综合评价法、层次分析法、证据权法等,并与地理信息系统中空间分析的强大功能相接合,建立了地面沉降预测模型,增强了系统的智能性。

(5)城市三维地质模型的动态可视化发布。MapGIS K9 MVE三维地球模型实现了网络环境下的三维空间信息建模及可视化、基础地理信息安全处理技术、多级网格、综合性搜索引擎、海量三维空间信息存储和管理、三维空间数据高效传输,以及分析处理等功能,为上海三维地质模型的发布提供了技术保障。

3. 成果应用

上海地区复杂的地质结构,对城镇体系布局和规划、地下空间开发和重大工程选址有明显的制约和影响。三维城市地质调查进行了建筑和地下空间开发适宜性分区评价,调查成果服务于城市总体规划、分区规划、地下空间开发和地下水供水规划等不同层面,为实现城市可持续发展,降低城市建设和运营维护成本提供了强有力的技术支撑。例如,世界博览会会址地质调查成果为 2010 年上海世界博览会顺利注册发挥了作用。各新城规划区地质调查成果提交给相关单位,临港新城、嘉定、青浦等新城地质调查成果已及时应用于各自总体规划中。

上海市地下空间开发利用主要集中在地表以下 50 m 范围内,该范围内土体以饱含地下水的软土和砂土为主,施工时易发生流砂和地基变形问题。项目根据地质结构特征编制的地下空间开发地质环境适宜性评价成果,直观地反映了地下空间开发的风险程度,为地下空间开发和建设提供了科学依据。

上海城市地质调查建立和完善了"三网合一",即区域地质环境监测网、生命线工程地面沉降骨干监测网及其安全运营监测网,建立了生命线工程安全运营监测和预警机制,多次成功预报地质险情;建立了地质灾害应急处置机制和地质信息平台。调查成果已广泛应用于城市轨道交通、高架路段和天然气管网安全运营、黄浦江防汛安全、城市应急保障等工作中。目前,地面沉降监测系统维护着上海各生命线工程的安全运营,地质灾害应急处置机制在轨道交通、防汛等突发事件中发挥着关键作用。

土地管理承担着保护资源和保障发展的双重责任。上海市依据城市地质调查获得了不同土地利用类型的地球化学现状特征,对耕地、工业用地、住宅用地等土地质量现状进行了全面评价;针对中心城区地下空间开发利用,进行了地上地籍图、地下地籍图、地质图的"三图合一"尝试。

尤其在滩涂等后备土地资源方面,项目建立了长江河口系统的多源、多比例尺、多时间尺度、多空间分辨率的地形数据库,系统调查了上海的滩涂资源现状与变化规律。根据长江河口泥沙运移、滩涂延伸方向,针对目前上海后备土地资源开发利用与保护面临的形势,提出应遵循长江口杭州湾河势演变自然规律,统筹兼顾耕地占补平衡、生态保护等对滩涂资源的需求,加快促淤,合理圈围,科学利用滩涂资源。

上海城市地质调查首次全面深入地对上海全市表层土壤、深层土壤、湖积物、近岸滩涂、地表、浅层地下水及部分植物样品进行了系统采样,并对全市水土体的环境质量现状进行了调查和评价,为上海市创建资源节约型、环境友好型社会奠定了坚实的地球化学基础。

通过获取土壤母质元素、农业营养元素、重金属元素及有机污染物的现状信息,可为高效生态农业的区域规划、特色农产品的适宜性评价等方面提供决策判别。让合适的土地种最合适的作物,才能够最终实现生态优良、农村稳定、农业增收、农民增收的目标。通过对上海市土地质量环境特征的研究,项目初步提出了上海市生态住宅建设土壤环境质量评价指标及其评价方法,并进行了试点评价,通过该方法,可以间接达到土壤治理的目的。

1.3.3　天津城市地质信息管理与服务系统建设

在新一代的城市地质调查工作中,以数据库和二、三维一体化分析和信息共享为主要特点的城市地质工作模式,将在城市地质信息管理与服务系统的建设和完善下,开始从数据到知识、价值的过渡,并逐步实现城市地质调查工作成果信息从真实性、可靠性向实用化、社会价值化方向的延伸。天津城市地质信息管理与服务系统作为天津城市地质调查工作的子项目之一,其建设与应用就是新一代城市地质调查工作模式中一个成功的范例。

1. 系统体系架构

天津城市地质信息管理与服务系统是基于 MapGIS K9 平台、MapGIS-TDE 平台,针对天津城市地质调查工作实际需要开发的一套大型网络化城市数字地质集成信息系统。它以地学理论为指导,在充分利用、综合和集成已有城市地质调查成果数据及项目工作成果数据的基础上,充分运用数字化技术和计算机技术,以及卫星定位、地理信息、遥感(remote sensing,RS)、虚拟现实(virtual reality,VR)、海量数据储存、三维空间结构等高新技术,实现了天津城市地质调查数据信息的集成管理、高效检索查询、地质专业辅助成图、地质专业计算、三维地质建模与可视化分析、评价模型管理、地质信息资源共享与发布及虚拟现实立体投影展示,面向地质专业人员、政府规划和建设部门及企事业单位等不同层次用户,提供了全面的城市地质信息服务(图 1-27)。

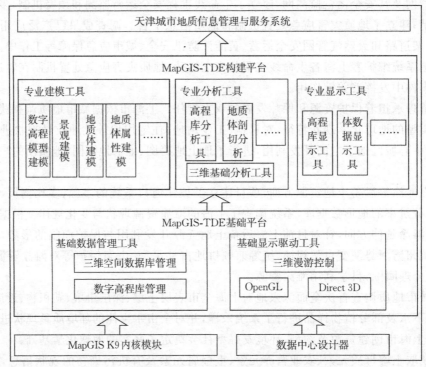

图 1-27　天津城市地质信息管理与服务系统体系架构

2. 系统关键技术

(1)二、三维一体化管理技术。天津城市地质信息管理与服务系统从最基础的数据模型、数据管理、数据可视化及开发集成四个方面,实现了基于数据中心的二、三维一体化管理策略。

(2)基于数据中心的多源、异构、海量地质数据管理技术。系统基于数据中心的数据仓库,实现多源异构数据统一、可扩展、层次化的管理,可按主题层次生成动态的资源管理器式目录,实现目录定制和海量地质资料数据的管理。

(3)系统实现了基于模板的柱状图、剖面图等地质专业图表生成与编辑技术。

(4)多源数据三维地质建模技术。系统基于多源地质数据如地表高程数据、钻孔数据、地质剖面、平面地质图等数据,建立三维地质结构模型和三维属性模型,针对不同数据分别提供自动建模、交互式建模功能。

3.系统主要成果

(1)建立了综合的天津城市地质调查数据库。系统以天津城市地质调查项目为依托,收集、整合了天津市近50年来的地质资料和工作成果,建立了开放、动态的天津城市地质数据中心,实现了对天津市基础地理空间、基础地质、工程地质、水文地质、第四纪地质、地球化学、地球物理、地面沉降、地热资源、矿泉水、地质灾害等多源、多期次、多比例尺、异构综合地质数据的一体化存储、管理与查询,为推动天津市地质资料信息系统集群化和产业化工作奠定了扎实的基础。

(2)建立了天津城市三维地质结构模型。针对天津实际的地质背景条件,系统提供了多源数据耦合自动建模和复杂地质体交互式建模等多种地质建模工具,在充分利用天津市地质调查区地表高程数据、钻孔数据、地质剖面、平面地质图等地质数据的基础上,建立了三维基岩、松散沉积层、工程地质和水文地质4个三维结构模型。这些模型的建立,为城市规划决策、重大工程前期论证、市政工程建设和城市地质灾害应急反应指挥提供了三维可视化地质信息方面的科学依据。

(3)首次构建了多种评价方法下的综合地质专业的评价模型库。系统建立并管理了层次分析法、专家打分模型、神经网络、多元回归分析、聚类分析等多种评价方法体系,结合天津城市地质的特点,构建了综合地质专业评价模型库。借助模型库中的评价模型,可以进行工程建设桩基适宜性评价、地下水质量评价、地面沉降危险性评价、区域稳定性评价、土地环境质量综合评价、中心城区地下空间资源开发利用评价、中心城市土地利用适宜性评价;借助模型库中的资源计算模型,可以进行地热储存量、地下水资源量的计算;结合多元统计模型,可以进行数据的回归、聚类分析等,实现数据的统计与预测,从而为天津城市建设与规划、地热资源、地下水资源的调控与保护、开发与利用提供科学数据与辅助决策信息。

(4)实现了对三维空间模型的专业而丰富分析与评价。系统提供了丰富的三维模型分析研究工具,包括模型空间查询、单元体爆炸式显示和拖拽、任意截面剖切、任意方位实时动态剖切、隧道开挖模拟及体积、面积量算等分析计算功能。通过对三维地质模型进行系列组合分析,再结合工程适宜性评价、地质安全性评价(地壳稳定性评价)等方面的信息,可以有效并科学地辅助专业人员获取研究区对象岩土体的类别、成因、岩性特征、厚度和空间分布规律等特性,做好城市规划与工程建设选址工作,为对特殊岩土体(盐渍土、软土)对工程建设的影响和不良工程地质问题做好防治措施。

(5)首次建立了面向地理信息的天津市多通道虚拟现实三维立体显示平台。在多个高带宽、高分辨率的投影仪和融合机、AP分离器等硬件的支撑下,兼顾平面和立体两种成果展示模式(其中,平面模式用于成果的二维和普通三维方式展示,立体模式用于三维成果的被动立体展示),构建了多通道的三维可视化立体展示系统,实现了三维地质结构模型的动态立体显示,成功将抽象的地质信息以更加形象、直观的效果展现给用户。

4.成果应用

1)中新生态城环境地质评价

2007年11月,中国和新加坡两国政府签署框架协议,在天津滨海新区建设中新生态城。中新生态城位置选在滨海新区内的汉沽和塘沽两区之间,总面积约30 km²。地质专业工作人

图 1-28　中新生态城三维地层结构模型

员利用天津城市地质信息管理与服务系统,针对中新生态城开展了地下水污染评价、园林绿化土壤地球化学评价、工程地质评价、区域稳定性评价、三维地层结构模型分析等重要的地质调查分析工作,为中新生态城的可持续发展与建设提供了重要的帮助(图 1-28)。

2)天津城市轨道交通建设地质评价

现阶段天津共有 9 条正在运行的地铁线轨道交通线路组成(图 1-29)。天津城市地质信息管理与服务系统在为天津市轨道交通建设和运维方面提供了以下服务:

(1)工程地质条件分析。利用调查数据,系统自动生成了天津中心城区工程建设层综合地质柱状图、工程地质剖面图、地下空间软土厚度等值线图、软土顶板埋深等值线图,以及工程地质力学参数数据表等。

(2)地下空间工程适宜性评价。系统按照不同的标高分组要求,进行了地下空间工程适宜性评价。

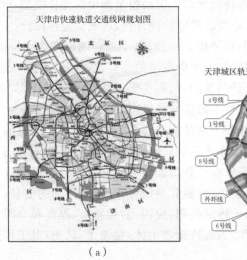

(a)

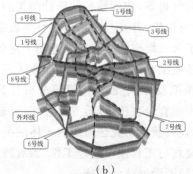

(b)

图 1-29　天津市快速轨道交通规划

(3)地面沉降危险性评价。系统集成地面沉降的累计沉降量、沉降速率、沉降趋势、各个含水组的开采现状、防治灾害措施等 14 个要素,建立评价分析模型,对地铁沿线的地面沉降危险性进行了评价。

(4)区域稳定性评价。系统综合地震烈度和地震峰值加速度、地震震级、地震频率、断裂构造规模、断裂形成时代、地面沉降、砂土液化、软土厚度 8 个要素,进行了地铁建设沿线重点地段的区域稳定性综合评价。

(5)工程地质三维结构。利用系统,建立了地铁沿线的工程地质三维结构模型(图 1-30),并进行剖面切割、隧道漫游,结合属性查询功能,可查询分析地铁沿线的内部地质构造相关信息。

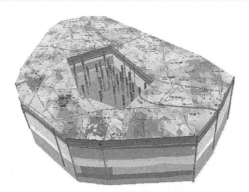

图 1-30　天津中心城区工程地质三维结构模型

天津城市地质信息管理与服务系统在天津西站改建项目实施中,提供了以下服务:

(1)工程地质查询与计算。通过查询功能,协助专业人员获取区域水文长期观测资料和钻孔地下水资料,了解地下空间里地下水水位埋藏情况,综合分析地下水对地下工程建设的影响。按照《城市规划工程地质勘察规范》、《软土地区工程地质勘察规范》等规范,计算了天然地基承载力、桩基承载力、天然地基沉降量,并进行砂土液化判别。

(2)工程地质综合分析评价。利用信息系统,对区域中 60 m 以浅的地层进行详细地分区、分层、分级评价,生成评价分区图。在腐蚀性评价结果的基础上,根据已有工程实例,结合相关规范,实现地下水对钢筋混凝土的腐蚀性评价。

(3)工程地质结构三维分析。根据钻孔数据建立三维地层结构模型(图 1-31),再根据三维地层结构模型切割,计算基坑开挖土方量。

3)京津城际铁路沿线地面沉降预测评价

天津城市地质信息管理与服务系统在地面沉降对京津城际铁路影响调查研究中,发挥了重要的协助作用。

借助系统展示了区内地层岩性、地质构造、新构造运动和地震分布等信息,使专业人员了解到不同构造单元和主要构造断裂带规模、性质、产状,分析研究其活动特征及发展规律;通过管理相关监测数据、图件,提供查询分析功能,协助地质专业人员了解区域地下水类型及富水性、地下水动态情况、地下水化学特征及开发利用、地面沉降情况(图 1-32);提供水文地质长观孔数据的数据查询分析,基于数据自动生成各类统计曲线图、平面等值线图等;建立工作区三维地质结构模型,立体展示地质环境条件。

图 1-31　天津西站地区工程地质三维
地层结构模型

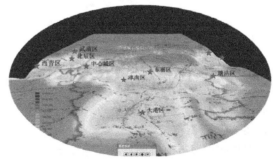

图 1-32　基于曲面模型的天津历年地面沉降量
的变化

1.3.4 杭州城市地质信息管理与服务系统建设

杭州城市地质信息管理与服务系统是继北京、上海和天津三个直辖市之后,全国第一个在省会城市开展的试点项目。

杭州城市地质信息管理与服务系统是杭州城市地质调查项目中的一个子项目,它是一个集成化、数字化的工作环境,旨在实现动态、定量、高精度地管理杭州城市地质、地质资源、环境及有关调查、评价的地学数据,准确、客观地提供杭州城市地质信息,及时、直观地为城市规划、建设和经济社会发展提供科学依据,促进城市地质资源的合理开发利用和生态环境保护,为生态市建设和城市的可持续发展提供地学基础支持。在系统功能需求上需要满足杭州城市地质调查工作中的数据库建设、数据分析、数据共享与服务等实际应用需求。

杭州城市地质调查信息管理与服务系统的目标任务是充分利用现代数据库技术、地理信息技术、三维可视化技术及计算机网络技术,建立一个集基础地理、基础地质、工程地质、水文地质、环境地质、地球物理、地球化学、遥感、浅层地震、岩溶地质等专业,以及三维地质数据输入、管理、分析评价与三维模型可视化、网络发布等功能于一体的城市地质信息系统软件。

杭州城市地质调查信息管理与服务系统建立了城市地质数据管理与信息服务的应用体系和应用成果软件(图1-33),完成了杭州市城市地质数据库建设和三维地质模型建设,形成了基于大型数据库的地质数据管理与信息社会化服务应用体系(图1-34)。

杭州城市地质信息管理与服务系统在数据源、专业功能、地质建模和操作方式上,有很多自己的特点。升级版杭州市城市地质信息管理与服务系统 V2.0 不仅继承了前期基于MapGIS 二维地理信息平台和三维建模平台研发的工作成果,而且在城市地质调查信息发布平台采用了 ArcGIS 地理信息平台,实现了与原杭州市国土资源局信息平台和数据的无缝对接,同时在三维建模平台的可视化和建模技术方面也得到了大步的提升。

图 1-33 杭州城市地质信息管理与服务系统界面　　　　图 1-34 杭州城市地质调查信息发布系统界面

将浅层地温能信息系统扩展到城市地质信息系统,即两个不同项目经费来源的系统集成到一起在国内尚属首次。这增强了城市地质基础平台的数据支撑范围和辅助决策能力,使其能更加全面地为杭州城市建设服务。

1. 系统体系架构

根据杭州市城市地质调查的实际需要,将应用软件系统划分为城市地质数据录入与管理、城市三维地质建模(包括数据分析与评价)、城市地质数据共享与社会化服务三个相对独立的部分(图1-35)。

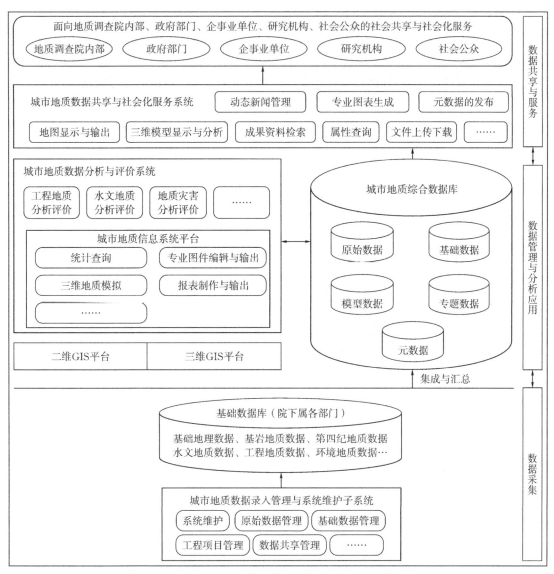

图 1-35　杭州城市地质信息管理与服务系统 V1.0 体系架构

升级版杭州市城市地质信息管理与服务系统 V2.0 总体架构继承了上一版系统的 3 个体系基础,即基础数据获取体系、综合数据管理与分析评价体系和数据共享与发布体系。在此基础上,V2.0 对系统总体架构进行了优化,无论是在各个体系内部,还是在各个体系之间都细化了系统功能模块组件层,使系统功能模块划分更为合理,模块之间调度更为流畅,保障了系统整体运行的稳定性(图 1-36)。

基础数据获取体系内封装了数据入库模块、数据下载模块、数据导出模块、用户管理模块、权限管理模块等。

综合数据管理与分析评价体系内封装了数据管理调度查询模块、数据属性表浏览查看模块、数据属性表查询统计模块、数据地质资料浏览查看模块、数据图件浏览查看模块、空间数据综合查询模块、快捷功能调度模块、柱状图模块、三维浏览建模模块、数据转换模块、专业分析评价模块、空间分析算法模块等。

　　数据共享与发布体系采用 ArcGIS 平台进行开发,封装了用户管理模块、权限管理模块、数据发布控制模块、元数据显示查询模块、调查成果显示查询模块、地质科普和三维模型成果发布模块。

　　除了细化组件层,基础数据获取体系内还扩展了数据库浅层地温能专题数据,同时为了达到各个模块的升级优化,数据库内增加了系统表以实现对数据库内业务数据的合理调度。系统表主要包括数据分类数据表、业务表对应的功能数据表、专业分析参数设置表等。考虑到浅层地温能实时监测数据入库管理,总体架构在底层扩展了物联网数据获取层。

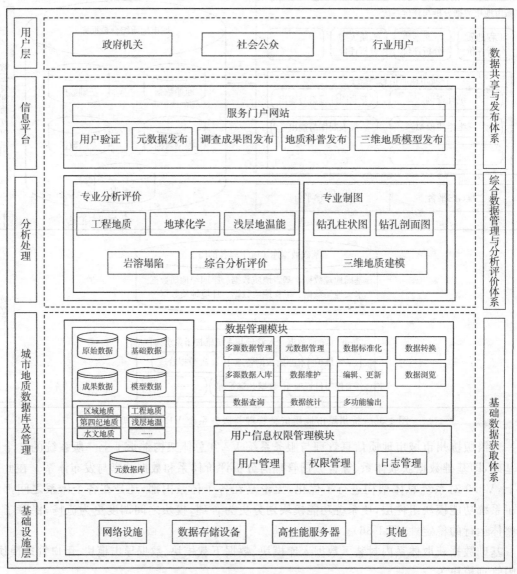

图 1-36　杭州城市地质信息管理与服务系统 V2.0 体系架构

2.数据源

　　由于杭州市所处的地域地质条件的复杂性,城市地质工作所涉及的内容广泛,杭州城市地质信息管理与服务系统涉及的数据来源广、类型多、数据量大、关系复杂。根据客户需求,从纵向上,将系统所有的数据划分为不同的层,即原始资料数据层、基础数据层、模型数据层、成果资料数据层,其抽象层次依次由低到高。从横向上,系统涉及的数据涵盖了基岩地质、第四纪地质、工程地质、水文地质、生态环境地球化学、地质资源及地质灾害、遥感地质、地球物理等专题。每一纵向大层内部按照专题再进行横向细分。

二期工程浅层地温能信息系统沿用杭州城市地质信息管理与服务系统数据分类格式,将浅层地温能数据分为原始资料数据层、基础数据层、模型数据层、成果资料数据层。

3. 专业分析评价功能

杭州城市地质信息管理与服务系统的专业分析评价包括天然地基桩基承载力计算、各种适宜性评价、砂土液化、岩溶塌陷判别、地球化学元素污染评价等 15 项功能。浅层地温能信息系统实现的专业分析评价功能包括地温场特征分析评价、室内热物性特征分析评价、现场热物性特征分析评价、地下水抽水试验分析、地下水回灌试验分析、地下水腐蚀性分析、地下水结垢分析、地下水硬度分析、地下水地源热泵适宜性评价、地埋管地源热泵适宜性评价、综合适宜性评价、热容量计算、地埋管换热功率计算、地下水换热功率计算、综合换热功率计算、地埋管潜力评价、地下水潜力评价、综合潜力评价在内的 18 个专业分析功能。

4. 三维地质建模

杭州城市地质信息管理与服务系统利用城市三维地质体建模系统,按“点-线-面-体”的建模思路,建立了杭州市地表数字高程模型(图 1-37)、基岩面模型(图 1-38)、三维工程地质结构模型(图 1-39)、三维第四系地质结构模型(图 1-40)和三维水文地质结构模型等,清晰地展现了不同地质对象的空间结构特征与关联关系。

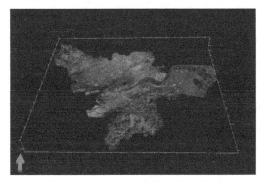

图 1-37　杭州市地表数字高程模型

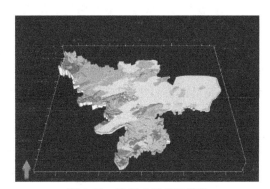

图 1-38　杭州市基岩面模型

图 1-39　杭州市三维工程地质结构模型

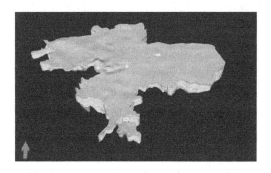

图 1-40　杭州市三维第四系地质结构模型

5. 成果应用

杭州城市地质调查信息管理与服务系统为水利工程选址、地下水监测、水环境监测雨水污染治理等方面提供地质数据支持,并为政府决策制定提供地质分析成果数据支持,特别是在西湖的水体质量检测、使用与补给上提供地质支撑,并在水源地选择上定期提供相应的成果分析报告,为城市绿色可持续发展提供了一定的保障。

1.3.5　南京三维可视化城市地质信息管理与服务系统建设

开展南京城市地质调查工作的目的,就是要在充分利用和整合已有地质资料成果的基础上,综合运用地质、水文、遥感、地球化学、地球物理、钻探和信息技术方法,查明城市三维地质结构、城市地下空间资源、城市主要地质灾害及工程地质、水文地质、环境地质、土壤地球化学背景条件与污染状况,建立三维可视化地质信息管理与服务系统,实现全市地质数据一体化管理和可视化表现,从整体上考察和把握如何实现城市资源的可持续利用和城市地质安全保障,为城市规划、城市建设与城市管理提供科学数据、技术支撑和综合服务。

1. 南京城市地质调查工作成果

南京市围绕南京新一轮城市总体规划修编工作,从地上、地表到地下一体化进行系统的城乡用地评定,建立了用地评定标准和主题数据库,成果已及时应用于城市规划修编中。2012 年通过南京南站地区的三维地质结构调查和地下空间利用的综合评价,对开发利用南京南站地区地下空间的方案提出建设性调整意见,增加了地面可利用空间约 17 平方千米,新增地下可利用空间约 4 平方千米,产生经济效益 10 亿元。相关成果主要包含 9 个方面。

(1)基本查明南京地区地质构造及地震活动特征,编制完成系列地质、资源、环境图件,全面更新了南京地区地质资料。

(2)查明了南京市第四系覆盖层三维地质结构特征,首次划分了长江、秦淮河、滁河及山间洼地等不同沉积体系,建立了各主要沉积单元的多重地层划分对比方案和地层层序,揭示了南京地区更新世以来的气候与环境变化规律,显著提升了南京第四纪地质的研究水平。

(3)首次按照不同的沉积作用区建立了南京地区工程地质层的划分对比方案,建立了主要工程地质分区三维工程地质结构,并进行了分区评价;查明了软土层、砂层、硬土层、人工填土等特殊土体的分布特征,为南京地区修订工程地质勘察规范奠定了基础。

(4)建立了南京地区含水岩组划分方案和长江、滁河、秦淮河漫滩三大水文地质单元的三维水文地质结构;查明了地下水资源及开采利用现状,圈定了 6 个地下水应急水源地建设靶区,提出南京寻找新的地下热水的重点地区。

(5)基本查明了南京市地质灾害类型、分布发育特征、形成机制和诱发因素,进行了危险性分区和易发性分区评价;建成了覆盖河西新城的地面不均匀沉降监测网;研究开发了地面沉降监测信息管理系统,为城市规划和发展提供了基础数据和决策依据。

(6)对 8 个重金属元素异常区进行了查证和生态效应评价分析,提出了对策建议;开展了垃圾填埋场地质环境适宜性调查评价,划分出 8 处适宜填埋区和 10 处较适宜填埋区,为南京市环境保护规划提供了重要依据。

(7)研究和构建了南京城乡建设用地适宜性评定方法和指标体系,建立了相应的专题数据库,研发了基于 GIS 的适宜性评定系统,提出了规划布局的优化建议,已被相关规划采纳。

(8)建立了城市地质调查数据库,积累了一批数据资源;开发了城市地质调查信息系统和城市地质调查信息发布系统,实现城市多元、多尺度、多维空间与属性数据的一体化管理和三维地质建模与分析,搭建了信息共享和应用基础平台。

(9)三维地质结构调查成果已在南京南站建设、新城规划等重大项目得到了实际应用,产生了显著的经济效益和社会效益(图 1-41)。

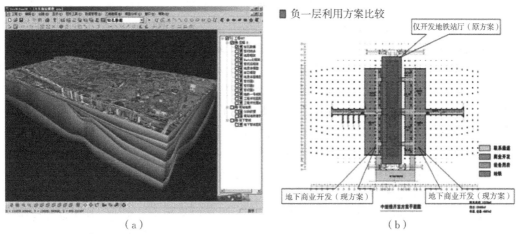

（a）　　　　　　　　　　　　　　　　　（b）

图 1-41　三维地质模型及应用示意

2.南京城市地质工作应用及价值

南京城市地质调查是南京城市建设史上的第一次,它用地质科学的基本原理和相关新兴学科的技术方法,从全方位视角来研究城市建设发展问题,全面系统地对城市进行了精细的地质学度量,对提升南京城市的经济社会功能,保障城市地质安全,促进城市生态文明建设和可持续发展,具有重要的意义。

1)增强南京城市的经济功能

南京城市地质调查为增强南京城市的经济功能,做出了重要的技术支撑和直接的贡献。例如,南京河西地区地面沉降监测网的建成,不但可以监测现有高层建筑物和大型工程设施的安全,还可提供整个沿江地区类似城市规划和建设的参考数据;仙林大学城三维地质结构模型的建立,不但解答了地铁 2 号线东延过程中的某些疑难基础地质问题,还对东郊地质环境保护提出了建设性建议;提交的南京南站地区三维地质结构成果,不但为南站建设节约了土地资源和大量资金,降低了政府和企业的投资成本,还为今后南京城市空间资源的安全利用提供了丰富的地质资料;提交的南京浦口新市区中心区用地评价成果,不但为政府合理开发利用江北土地资源提供了地质数据,还从整体的角度,以超前的观念对城市建设过程中可能遇到的地质问题提出了规划建议。

2)提升南京城市的社会功能

南京城市地质调查是根据南京城市建设需求、政府管理需求、社会公众需求和地质科学研究需求而设立的,是国家开展新一轮城市基础地质调查与地方经济建设需求紧密结合的成果。南京城市地质调查对南京的城乡发展、社会管理和城市化进程具有重要的促进作用。哈承佑认为,城市化引起的城市问题主要表现在水资源问题、城市固体废弃物污染问题、地面变形问题 3 个方面。改革开放以来,我国城市化进入快速发展时期。据统计,1978 年的全国城市化率仅为 17.80%,共有城市 216 个;目前已有城市 660 个,城镇人口 9 亿多人,城市化水平达

63.89％；预计 2030 年城市化率将达到 65％以上，城市人口达 10 亿人，并将形成九大城市带、33 个大城市群、1000 个左右城市。可以想象，那时的城市发展与生态地质环境之间的矛盾将更加突出，预防地震、地裂缝、地面沉降、水土体污染、水资源危机等突发性事件的处理任务更加艰巨，对地质信息基础数据的需求更加迫切。此次南京城市地质工作有力提升了南京城市的社会服务功能，扩大了社会公众对城市市情的关注和了解。

3）保障南京城市的地质安全

南京为我国特大型中心城市之一，其独特的地质地理条件决定和制约着城市的发展。城市建立在一个什么背景的地质体上、其地质基础的稳定性如何，决定着城市自身的地质安全，关乎人民生命财产的保障，是城市建设中最重要、最基础的科学技术问题之一。首先，南京城市地质调查对南京的区域地质和构造背景条件进行了详细的研究，特别是对南京的环境地质问题和地质灾害给予了高度关注，对可能影响城市安全的重大地质问题进行了有针对性的调查研究。其次，南京城市地质调查基本摸清了三维地质空间结构，对于城市建设的地质基础条件、岩土力学性质、水文地质工程地质状况有了较准确的把握，有利于地下空间的开发和安全利用。大规模城市建设使城市地基的稳定性受到一定影响，地下岩土工程、过江隧道及城市地下铁路等，引起地面沉降的大幅度增加，使城市地基承受压力加大。因此，南京城市地质调查对保障南京城市地质安全起到了重要的作用。最后，南京城市地质调查有利于城市发展布局和定位。根据城市基础地质和资源赋存状况，确定城市发展的产业布局和发展方向，使土地与地质资源利用节约化、集约化，使城市污染控制和生态环境保护效益最大化、最优化，保障了南京城市发展的地质安全与生态安全。

4）促进南京城市的可持续发展

通过南京城市地质一系列调查研究，基本摸清了其生态环境容量及质量，为南京城市生态环境保护提供了丰富的数据，初步找到了破解南京生态环境问题的方法和思路，对城乡资源环境的控制和保护及生态文明建设具有指导性作用，对促进经济社会又好又快发展、增强现代城市竞争力非常必要。一方面，城市的建设和发展要求提供丰富的能源、矿产、水、土地等自然资源和地下空间条件，要求优美的生态环境与和谐的社会环境；另一方面，城市建设发展的同时，会带来许多资源环境方面的负面影响，需要有针对性的治理措施和对策，并以资源的可持续利用来促进社会经济的可持续发展。而南京城市生态环境和地质灾害的治理与保护、城市建设岩土工程与水文地质条件的探究和把握、城市生态环境承载力的调查评价等，都为南京生态城市的规划和建设提供了科学依据，是南京城市可持续发展的重要参考依据。

1.3.6　济南城市四维动态地质信息系统建设

基于 50 多年的地下水勘查、试验和研究成果，济南市建立了完善的四维地质信息系统及其服务平台，从二维、三维等水文地质概念模型出发，把济南泉水的分布、成因、演化及泉水断流的原因、保泉供水的对策措施等，用四维模型展示出来，科学严谨又生动易懂，同时也给政府决策提供了参考。

1. 系统构建的三大平台

济南城市四维动态地质信息系统面对的数据包括基础地理、基础地质、工程地质、水文地质、环境地质、灾害地质、地球物理、地球化学和地质资源九大专题数据。这些数据具有显著的多源、多类、多维、多量、多尺度、多时态、多主题的特征。为了有效地管理这些地质时空大数据,需要对其进行整理、分类并规范化,分别建立原始数据库和基础数据库,然后建立一系列功能强劲的分析系统、编图系统、评价系统和三维乃至四维地质建模系统,通过数据整合、融合、处理和信息提取,开展研究区包括泉水保护、轨道交通建设、地下空间利用等地质环境评价、预警,建立完善的四维地质信息系统及其服务平台,为业务部门数据处理、政府机构管理决策和社会公众查询检索提供共享服务(图 1-42)。

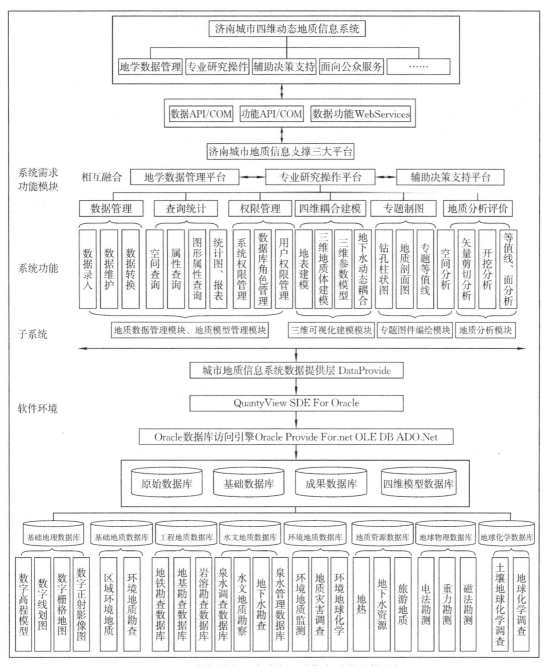

图 1-42　济南城市四维动态地质信息系统总体框架

(注:其中的 Oracal Provide For. net OLE DB ADO. Net 为 Oracal 实例。)

(1)地学数据管理平台的建立。济南城市四维动态地质信息系统集成基础地理、基础地质、工程地质、水文地质、环境地质、地球物理、地球化学等多专业地质勘查数据,以及城市遥感影像数据等,实现对城市多源、海量、多期次、多比例尺、异构地质数据的有效管理。

(2)专业研究操作平台的建立。系统建立不同地质数据的专业模型,实现对模型时空分布特征的三维可视化再现,并提供对模型的专业处理与分析;实现地质专业图件编绘功能,涵盖城市水文地质、工程地质和环境地质工作所涉及的平面图、等值线图、钻孔柱状图和统计图等;实现数据分析处理结果的多种形式和多种格式的图表输出功能;在基础地质参数模型的支持下,快速建立工程地质参数模型、水文地质参数模型、水位动态模型等专业地质参数及其分析模型等;基于三维地质体模型与地下水动态模型的耦合功能和分析工具,实现地下水水位管理、泉水喷涌维护、地下水质管理、地基承载力评价、地基稳定性评价、地下空间利用评价等分析。

(3)辅助决策支持平台的建立。系统实现了能够满足政府决策需要的网络化、三维可视化、智能化的地质信息系统与地质信息响应平台,为重大工程的选址与建设等提供支持依据;基于三维地质体模型及地质体参数模型,实现了完善的空间分析功能,能进行空间分析、开挖分析、虚拟勘探分析等,为政府提供辅助决策支持。系统还可为地下水水位管理、泉水喷涌维护、地下水质管理、地基承载力评价、地基稳定性评价、地下空间利用评价提供数据基础,为地下水位变化模拟、地下水溶质扩散模拟、泉水运动状态模拟、地下水开采方案优化和地灾监测预警等提供决策支持。

2."地质信息一张图"理念下的济南

济南城市四维动态地质信息系统集成了包括多比例尺地质图、水文地质图、城市规划图、遥感影像图等几十种专题数据图,借助多角度与深度的数据发现机制,基本实现了多接点、多源数据、多窗口数据发现与评价,满足了"地质信息一张图"的建设需求。"一张图"服务模式能够将不同专题,不同类型的数据集成在一起,可进行叠加显示、浏览、分析和联动查询,亦可形成专题图件,方便开展信息分析,最大限度地利用现有成果,实现了"大系统、大平台、大数据、大集成",破除了各单位间数据鸿沟,集成了各单位各类地质信息系统,形成统一、有序、规模化的统一信息系统平台。

3.三维地质建模

系统采用大型三维可视化地学信息平台 QuantyView3D 的基于钻孔和地质信息的快速递进层状三维地质建模方法,基于钻孔的"点→线→面→体"快速递进,综合融合考虑剖面、断裂等地质信息,通过对剖面间的地层连线进行克里金(Kriging)插值,形成一系列地层面模型。其在基于钻孔建模速度快、自动化程度高的基础上,提高了钻孔间地层信息的准确度,同时吸取了剖面建模地层信息不确定性较少和精细程度较高的优点,实现了快速三维地质模型构建。系统这一功能已有效应用于轨道交通与采空区调查等方面(图1-43、图1-44)。

为整体揭示济南泉水地质构造特征,重点展示泉水排泄区附近空间地质特征,分别建立济南泉域与重点研究区三维可视化模型,济南泉域模型底边界标高为−500 m,重点研究区模型底边界标高为−400 m。利用颜色渲染、图案填充展示空间地质结构,揭露地质界面、构造等地质特征,立体展示地层空间形态特征,实现对任一地质块体三维模型的缩放、平移、拾取、纹理、透明等功能展示,也可以逐层剥离上层地质体,揭露浅表层以下地质结构形态,还可以对钻孔模型进行三维立体展示、分层属性查询。

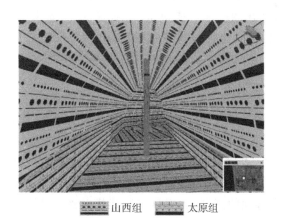

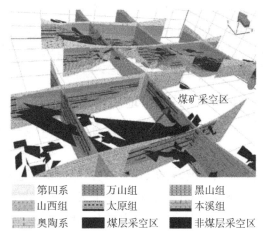

	第四系		万山组		黑山组
	山西组		太原组		本溪组
	奥陶系		煤层采空区		非煤层采空区

	山西组		太原组

图 1-43　三维地质建模在济南轨道交通中的应用　　　图 1-44　三维地质建模在济南采空区调查中的应用

4.四维地质建模

四维地质建模是三维地质建模模块的时态拓展。系统在已建立的地质体三维模型的基础上,以适当的时间步长把地下水动态监测数据,包括空间上的水位变化、水质变化数据逐帧嵌入地质体三维模型中,构成随时间变化的系列"三维地质体＋地下水模型"。采用多元统计分析方法,结合三维地下水模拟软件 GMS10.0 对每个时间节点所获得的全区水位监测数据,进行空间趋势分析和随机模拟,建立地下水水位四维动态模型(图 1-45),并基于水位四维动态模型进行地下水势和流场分析。

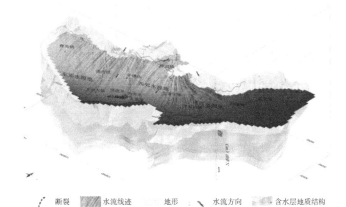

　　　　　断裂　　　水流线迹　　　地形　　　水流方向　　　含水层地质结构

图 1-45　济南地下水水位四维动态模型示例(基于 2017 年 5 月水位数据)

(1)系统平台基于 QuantyView 开发,稳定性高、易于使用,更利于推广应用。其设计充分考虑了"数字济南"的主要需求,作为济南市空间数据基础设施重要组成部分进行建设,有利于城市地质数据的共享和应用。

(2)系统基于各类钻孔、地质构造、地质调查和勘查等数据进行地层三维模型构建,有效地解决了地质三维模型自动建模过程中的地层缺失、断层等情况;通过研制地质三维模型相互间的互剪技术,实现了模型的任意形状剪切、开挖分析。

(3)通过地质三维建模并与地下水(泉水)动态监测数据耦合,从含水层、隔水层、地下水位、泉水运移路径、动态变化规律等方面出发,建立了面向保泉和轨道交通建设的济南城市四维动态地质信息系统。在该四维动态建模模块上,还需要继续研发并建立地质分析评价模块,并提供各种分析工具和评价模型,使之能在四维地质体模型中,对含水层、隔水层、地下水位、泉水运移路径、动态变化规律等进行分析、评价和预测,获取具有决策支持性质的成果数据。

1.3.7　丹阳市地质环境综合信息管理与服务系统

江苏省丹阳市城市地质调查是中国地质调查局于 2014 年开展的国内城镇级综合地质调查的试点项目,具有标志性的意义。丹阳城市地质工作围绕国家发展战略和丹阳实际需求,系统地开展空间、资源、环境、灾害等多要素地质调查,查岩土结构、摸资源家底、探环境问题、建信息系统、提对策建议,取得了实实在在的成效。其中,丹阳市地质环境综合信息管理与服务系统(图 1-46)充分发挥其优势,在综合地质数据管理的基础上,提供三维建模及地上地下一体化的展示效果,有效辅助政府对城镇的管理工作。

图 1-46　丹阳市地质环境综合信息管理与服务系统界面

1. 系统体系架构

丹阳市地质环境综合信息管理与服务系统是一个集成的数字化工作环境,面向城市(镇)地质工作提供软件技术支撑。系统包括三个体系,即基础数据获取体系、综合数据展示与分析评价体系、数据共享与发布体系(图 1-47)。

基础数据获取体系由数据中心(B/S)和数据中心(C/S)构成。综合数据展示与分析评价体系由数据分析评价、三维地质建模、地上地下一体化展示构成。数据共享与发布体系由数据库、信息共享,以及各政府部门、企事业单位、地质领域科研院所、社会公众用户群构成。

2. 数据源

根据丹阳城市(镇)地质调查工作情况,确定该系统涉及的资料和数据分为三大类:①根据工作项目需要所收集的已有地质资料;②工作项目实施过程中取得的地质调查成果(包括中间成果和最终成果);③系统运行使用过程中产生或入库的数据(图 1-48)。

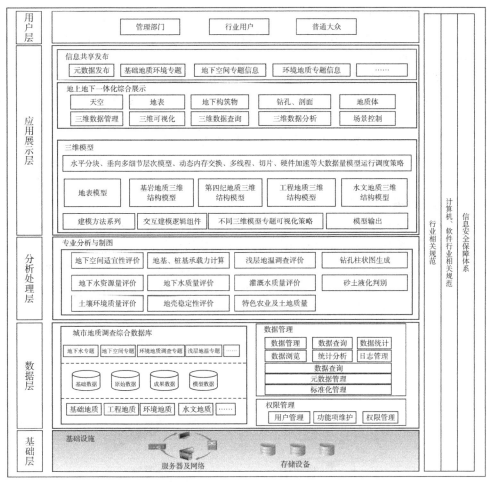

图 1-47　丹阳市地质环境综合信息管理与服务系统体系架构

图 1-48　丹阳市地质环境综合信息管理与服务系统数据中心组成

3.数据分析评价功能

数据分析评价功能提供了对城市(镇)地质调查的专业分析评价及专业图件制作与输出模块。它具有以下几点作用：

(1)具备对城市(镇)地质调查数据的查询、统计和分析评价核心功能。

(2)专业图件制作与输出功能包括钻孔柱状图生成、等值线图生成、井曲线生成、剖面图生成、图件输出等。

(3)实现了交互操作与数据、数据与专业分析、专业分析与成果表现的智能化驱动。简化了从数据获取到专业分析计算再到动态报告的生成过程，提高了专业分析和成图的易用性，显著提升了地质调查数据专业分析处理的能力。

4.三维地质建模

三维地质建模提供对三维城市地质调查成果的三维可视化。三维地质模型建设包括基岩地质、第四系地质(图 1-49)、水文地质(图 1-50)、工程地质(图 1-51)等三维结构模型。系统将地质、测井、地球物理资料和各种解释结果或者概念模型综合在一起，采用合理的建模方法生成三维地质信息模型，可重现地层、岩体、构造的不规则边界和空间几何特征等地质信息及其之间的关系，实现三维地质体空间分布特征的可视化表达。

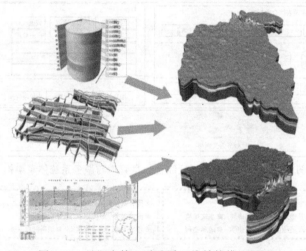

图 1-49　丹阳市第四系地质三维结构模型显示

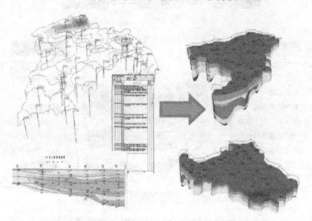

图 1-50　丹阳市水文地质三维结构模型显示

5.地上地下一体化展示

系统提供地上地下一体化三维展示功能,实现地理位置定位以"全球-中国-江苏-丹阳"顺序范围由大到小逐级漫游,采用动态加载技术,将太空、大气、地上的构(建)筑物、地表地形影像、地下人工构(建)筑物、钻孔、剖面、地质模型及其他子专题评价成果等海量数据展示在该平台上,使地上、地表与地下浑然一体,为决策者提供更加直观的成果展示(图 1-52),在功能上实现了三维数据管理、三维可视化、三维数据查询、三维数据分析(图 1-53)。

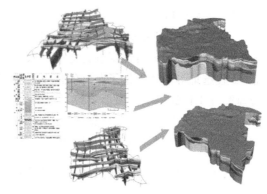

图 1-51　丹阳市工程地质三维结构模型显示

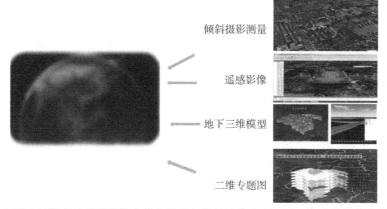

倾斜摄影测量

遥感影像

地下三维模型

二维专题图

图 1-52　丹阳市地质环境综合信息管理与服务系统地上地下一体化数据集成示意

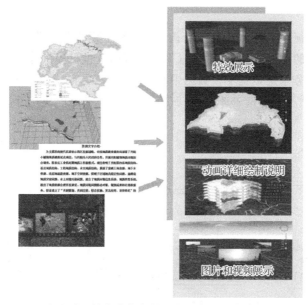

特效展示

动画详细绘制说明

图片和视频展示

图 1-53　丹阳市地质环境综合信息管理与服务系统专题数据展示新思路

6. 成果应用

通过运用丹阳市地质环境综合信息管理与服务系统,丹阳实现了已有地质数据的整理入库工作,并对新的地质数据进行标准化入库。地质数据库中的各类成果资料已为地质灾害应急、工程选址等项目提供了及时的信息查询与数据分析功能,为第四纪地质研究、地下水与环境监测等工作提供数据层面支持。

丹阳市地质环境综合信息管理与服务系统为丹阳市科学发展持续提供地质支撑,为类似城镇提供了可复制、可推广的丹阳经验。

1.3.8　雄安新区城市地质信息系统建设

透明雄安数字平台归属于"雄安新区综合地质调查"工程,由中国地质调查局水文地质环境地质研究所、中国地质调查局发展研究中心、中国地质调查局地质环境监测院共同承担建设。项目周期为2018年至2020年。主要目标是以雄安新区开展的地质调查项目为依托,打造透明雄安数字平台,通过雄安新区地质大数据中心,汇聚物联网动态监测数据,建立三维可视化地质模型,实现地质信息共享和资源环境评价,为城市规划、建设、运行、管理,提供支撑服务。

1. 体系架构

透明雄安数字平台利用大数据、物联网、三维可视化技术搭建了雄安地质大数据中心,实现了雄安新区水文地质调查、工程地质勘查、地热勘察、水土环境调查、地质资源环境监测等全要素数据的在线汇聚,建立了雄安新区地下0~10 000 m三维地质框架模型,以及市民中心、容东片区高分辨率的三维地质岩性模型。面向雄安新区政府提供地质安全、地下空间开发利用、地热资源开发利用、地下水管理等专题服务(图1-54)。

地质大数据中心是透明雄安地质信息平台运行的基础,实现地质数据的汇聚、维护和日常管理,由基础设施体系、数据获取体系、数据管理体系、制度建设体系和大数据中心数据库组成。

透明雄安三维可视化系统实现地质结构、地上-地下模型一体化集成管理、真三维可视化和地下空间开发利用的辅助分析,并对信息平台运行的全过程提供可视化支撑。

地质信息共享服务系统是基于大数据中心的数据,为政府、企事业单位及公众提供地质资源环境产品服务,包括基础数据服务、专题应用服务、地下动态监测预警服务等。

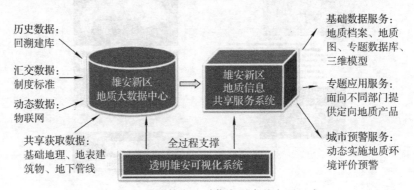

图1-54　透明雄安地质信息平台的主要组成

2．三维地质模型

雄安新区三维地质框架模型(图 1-55)包括雄县、容城县以及安新县等三县所有区域;北邻大兴断裂,东至霸县凹陷,南襄沧县隆起,饶阳凹陷以及高阳低凸起,西接保定凹陷以及太行东断裂(图 1-56、图 1-57)。

雄安新区内太古系、蓟县系、长城系、奥陶纪、石炭纪、二叠纪、侏罗纪、白垩纪、古近纪、渐新世、第四纪等地层构造特征。并建立了第四系(Q)、新近系明化镇组(N_m)、新近系馆陶组(N_{gt})、古近系东营组($E_d + E_{s1}$)、古近系沙河街组 1 段(E_{s1})、古近系沙河街组 2-3 段(E_{s2+3})、古近系沙河街组 4 段-孔庙组 1 段($E_{s4} + E_{k1}$)、孔庙组 2-3 段(E_{k2+3})、侏罗系-白垩系地层(J-K)、石炭系-二叠系地层(C-P)、寒武-奥陶系(O)、蓟县系雾迷山组(J_{xw})、长城系(Chg)、太古系(Ar)等共计 15 个地层,以及太行山断裂、牛东断裂、牛南断裂、大兴断裂、马西断裂、任西断裂、容城断裂、高阳西断裂、徐水断裂、出岸断裂等 10 条主要断裂及次生断裂(图 1-58)。

图 1-55　雄安新区三维地质框架模型

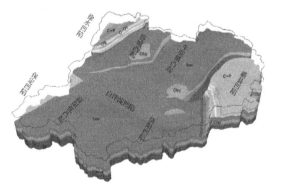

图 1-56　石炭系-二叠系之前的地层体

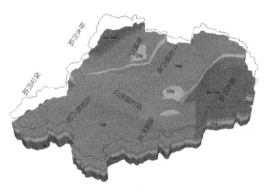

图 1-57　蓟县系雾迷山组之前的地层体

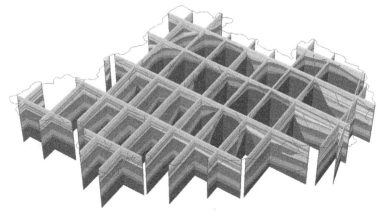

图 1-58　雄安新区三维地质框架模型栅格剖面图

3. 大数据中心

数据中心集群环境基于"雄安云"的基础设置＋星环 TDH 大数据平台软件构成分布式集群环境,为雄安新区地质大数据基础平台。数据中心数据库目前根据数据类型共建成专业数据库 5 个,包括城市地质调查数据库、自动监测数据库、项目成果资料数据库、其他业务数据库以及应用系统业务数据库。

雄安新区地质大数据中心研发了大数据中心管理系统,实现了数据采集(图 1-59、图 1-60)、数据管理(图 1-61)、运行监控(图 1-62)等功能。

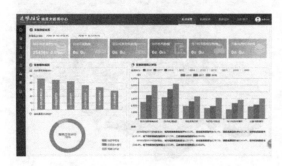
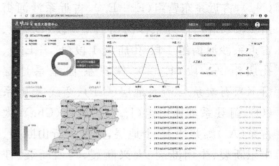

图 1-59 数据采集系统首页　　　　　　　　　图 1-60 项目成果资料数据采集主页

图 1-61 数据管理首页　　　　　　　　　　图 1-62 运硬件资源监控主页

4. 地下水水质监控

基于地下水水质预警方法的改进,不断完善地下水水质预警功能,建立了有效合理的预警机制,对于水质指标达到预警值时进行预警提示,并且可查看历史水质评价信息,完善预警展示效果。基于大数据中心进一步完善了地下水质量状况评价功能,包括展示样式的完善,按照行业标准进行颜色的配置,优化数据展示效果(图 1-63、图 1-64)。

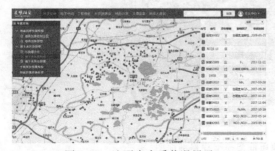
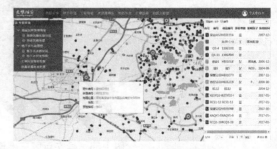

图 1-63 地下水水质状况展示　　　　　　　图 1-64 地下水水质预警展示

5. 土壤质量监控

土壤质量监控以单指标评价和综合评价两种方式为评价内容。单指标评价主要以重金属指标或环境评价指标为评价指标，如汞、镉、铜、铅等元素，设定每个指标的预警值范围，当指标含量达到或超出预警值时，用红色标识重度污染区域。综合评价以多指标进行同时评价，当有一个指标或多个指标达到预警值时，对该区域进行预警(图1-65)。

图 1-65　土壤综合预警

6. 工程地质分析评价

工程地质分析评价是基于专业的工程地质分析模型，通过算法化处理，以代码的形式嵌入系统底层作为相关工程地质分析评价功能的判据，再利用雄安大数据中心整理收集到的工程勘察数据或者实时监控数据，实现系统的工程地质分析评价功能，主要功能包括钻孔柱状图和地质剖面的动态生成、桩基和地基的承载力计算(图1-66、图1-67)、砂土液化判别等。

图 1-66　桩基承载力计算结果

图 1-67　桩基承载力评价报告

7. 地热资源评价

雄安新区的深部地热储层主要为雄安新区的深度约 4 000 m 的地层，包括明化镇组、馆陶组、奥陶-寒武系、蓟县系雾迷山组、长城系高于庄组等，基于所搜集 21 口地热井数据、地层等值线、地形数据等地质解译数据，建立雄安新区热储机制模型，通过将雄安新区底层热储机制模型和三维地质结构模型进行融合，作为系统地热资源评价的专业依据，以实时监控数据作为数据源进行地热资源评价功能的研发(图1-68)。

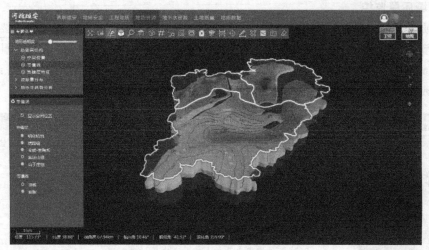

图 1-68　地热模型三维展示

8. 透明雄安 App

基于系统设计方案构建透明雄安数字平台移动 App,满足在移动办公环境中,不同用户对雄安地质数据的快速查询,实现基于移动 GIS 的数据浏览以及空间和属性结合的多维度统计;实现对雄安项目中各专题成果图件的加载展示,支持不同专题图的任意切换和叠加分析,各类专题数据的图表展示和三维地质模型的加载与展示等;同时开发基于移动端的 GPS 定位、地名地址搜索、问题记录等移动办公相关功能,满足用户野外移动办公基础应用和个性化记录需求(图 1-69)。

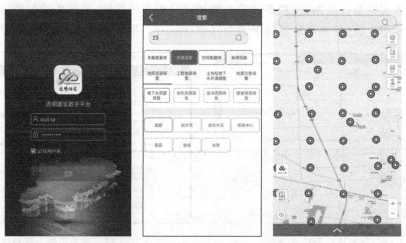

图 1-69　透明雄安数字平台 App 界面示意

9. 支撑应用

雄安数字规划平台是直接由雄安规划建设局组织和领导,由中国城市规划设计研究院牵头负责,由中国建筑科学研究院有限公司、北京市政工程研究院、中国地调局、阿里巴巴、超图公司等参加,集成地质、规划、建筑、市政管理于一体,直接服务于政府规划与管控的数字化平台。

在中国地质调查局水环部和工程首席统一部署和指导下,透明雄安数字平台与雄安数字规划平台进行了地上地下一体化管理的大胆尝试。

透明雄安数字平台地上地下一体化管理重点是实现三维地质模型和建筑信息模型 BIM 的交互技术的联通。通过与负责雄安数字规划平台的中国城市规划设计研究院和平台的开发人员深入的沟通和交流,建立基于雄安新区城市规划地质指标体系、地质成果交付标准等要求研制了透明雄安三维地质模型交互工具,为城市地质调查工作纳入城市规划流程提供了信息技术保障(图 1-70)。

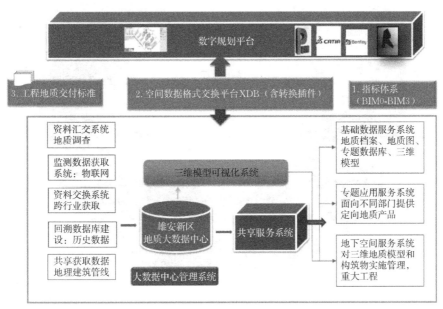

图 1-70　与雄安数字规划平台对接技术体系

§1.4　我国城市地质信息系统现状分析

我国正在大力推进新型城镇化建设,提出了集约、智能、绿色、低碳的城市发展理念,要求转变城市发展方式、优化城市结构布局、拓展城市发展空间、提高城市安全保障水平,着力解决城市病等突出问题,提高城镇化水平。城市地质调查成果将在城市发展过程中逐步得到应用,尤其在基础科学研究、城市规划建设、地下空间开发利用、自然资源保障、空间一体化环境监测、地质信息管理服务等领域将发挥越来越大的作用,具有十分广泛的应用前景。

以上海为代表的大城市地质调查试点工作经验,开创了城市地质成果服务国土规划、重大工程安全运营和地质灾害防治的技术路径,构建了地质工作服务城市规划管理的常态机制,实现了地质调查成果服务融入政府管理主流程。北京、上海、天津、广州、南京、杭州六大试点城市地质调查成果都包含城市地质综合数据库的建设(图 1-71),三维地质模型的建立和综合地质信息服务平台的研发。北京和上海因自身地质条件的影响,还加强了地质环境监测预警网络的建设。其中,上海城市三维地质信息平台在政府的大力支持和投入下,形成完备的数据共享流程和制度建设,相关成果服务的应用更是为城市发展提供了强有力的辅助作用。六大试点城市的城市地质信息系统在城市管理和建设中发挥着重要的作用,为后续开展城市地质工作奠定了基础,为其他城市提供了丰富的建设性经验。这些系统实现了面向政府管理的地质信息产品的灵活应用,增强了地质服务对城市管理和发展的辅助作用,促进了城市的智慧发展。

图 1-71　城市地质综合数据库

以福州、丹阳等为代表的中小城市地质调查工作经验,探索了中国地质调查局、省级自然资源主管部门、城市人民政府三方合作的有效机制,充分发挥三方积极性,建立了在全国可推广、可复制的工作模式。各城市根据自身地质条件和发展特点的不同,在建设地质信息系统时的侧重点也有所不同,但都一直致力于解决数据库的统一管理和共享平台的建立这两个难题。在成果转化为服务与经济价值上,福州城市地质调查取得了丰富的成果。项目在实施过程中就十分重视成果应用转化的时效性与实用性,随着运行不断推动成果应用与转化,先后成功应用于马尾新城规划、地铁规划建设等重大项目建设以及应急供水保障、地质灾害排查、矿业权设置等方面,在全国城市地质调查成果应用上具有重要的示范意义。丹阳是国内城镇级综合地质调查的试点项目,也具有标志性的意义。地上地下一体化展示平台可以提供各种地质模型的分析手段,如切片分析、切割分析、隧道开挖、城市漫游、虚拟钻孔生成及成果报告生成等功能。城市地质工作让城市总体地质概况更加直观地呈现在政府和公众眼前,并且可视化的分析结果也为政府人员制定决策提供了有力的辅助(图 1-72)。

大型城市群综合地质调查工作经验,以京津冀、长江三角洲、珠江三角洲等重要城市群为代表,瞄准重大需求,聚焦重大问题,打破专业界限,统筹部署工作,创新表达方式和表达内容,增强了城市地质在国家重大战略实施中的基础支撑作用和决策建议话语权。大型城市群综合地质调查工作中,地质环境信息管理与服务系统的基本模块包含:数据中心子系统、数据管理与应用子系统、三维地质建模子系统、地上地下一体化三维展示子系统和信息共享发布子系统等。在此基础上,大型城市群正逐步完善相关制度建设及数据更新机制,将地质调查成果服务融入政府管理主流程,促进城市群综合发展和协调发展。

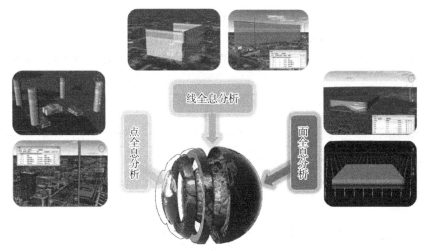

图 1-72　全息地质空间分析

2017 年,北京、杭州、武汉、郑州等 16 个城市成为全国首批多要素城市地质调查示范试点城市。多要素城市地质调查,即对城市空间、资源、环境、灾害等多个要素进行地质调查,为城市规划、建设、运营、管理提供地质基础支撑(图 1-73)。换言之,就是在现有技术条件下,将与城市地质相关的所有情况都调查清楚,包括基础地层结构、地质构造、水文地质、工程地质条件,以及浅层地温能、深层地热能等地质资源,为城市规划建设提供参考。

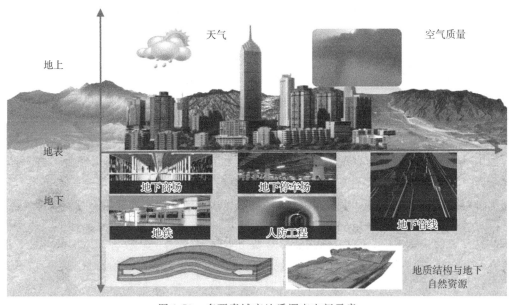

图 1-73　多要素城市地质调查空间示意

针对雄安新区规划建设,党中央、国务院要求,应坚持先谋后动、规划引领,用最先进的理念和国际一流的水准进行城市设计,建设标杆工程,打造城市建设的典范。城市地质工作作为城市建设和经济社会发展的一项基础性、先行性工作,可以为雄安新区规划建设提供重要基础依据。按照"世界眼光、国际标准、中国特色、高点定位"的总要求,根据雄安新区总体规划与建设的需求,中国地质调查局确定了在雄安新区开展地质调查工作的四大目标:①构建世界一流的"透明雄安";(图1-74)②打造地热资源利用的全球样板;③建成多要素城市地质调查示范基地;④为雄安新区规划建设运行管理提供全过程地质解决方案。依据四大目标,各有关部门积极开展相关业务工作,与高校、企业进行合作,建立城市地质信息服务平台,形成建设成果。

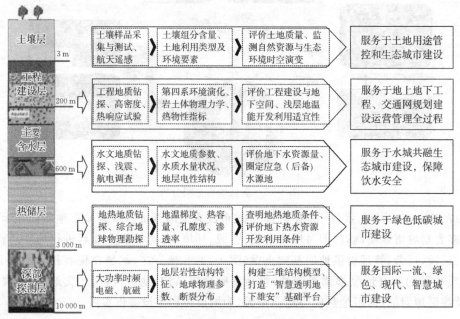

图1-74　"地下透明雄安"分层服务示意图

当下城市地质工作还在不断探索多要素城市地质调查的技术手段。在总结雄安新区总体规划、北京城市副中心规划建设、广州市规划建设与绿色发展、成都市地下空间开发利用、海南江东新区概念性规划等支撑服务成功经验的基础上,以武汉、杭州、西安、郑州、青岛、北海等城市为重点,继续在成果应用与服务、工作推进机制、资料汇交与服务制度、城市地质信息平台与智慧城市、城市规划建设信息平台的对接融合等方面创新形成新的示范成果和经验做法。

国内一系列城市地质信息系统的研发运用,积累了较丰富的开发、应用经验和技术储备,为与不断发展的地理信息技术进行更深度的结合奠定了基础。城市地质调查技术要求也逐渐得到规范,形成了以"一模"(三维城市地质结构模型)、"一网"(地质环境监测预警网络)、"一平台"(综合地质信息服务平台)为主题的技术方法体系,以及城市地质调查行业标准。我国城市地质信息系统的快速发展,让政府部门能够对城市空间、资源、环境、灾害等方面的大量数据进行整合与综合应用,为城市规划、建设、运营、管理提供地质基础支撑。信息系统与共享平台的推广进一步提高了政府工作效率,提升了政府服务质量。

§1.5　我国城市地质信息存在的问题

通过研读中国地质调查局于2017年下发的《城市地质调查总体方案(2017—2025)》,并对国内典型城市的地质工作与地质信息系统发展现状进行分析,目前我国城市地质信息化主要存在以下问题:

(1)城市地质工作理念落后,难以适应新型城镇化的要求。党中央提出了"创新、协调、绿色、开放、共享"的新发展理念,但是城市地质工作理念还停留在服务工业社会发展的阶段,缺乏大资源、大环境、大数据的工作意识,不能满足城市地上地下统筹规划、资源环境协调开发与保护等后工业化时代的新要求,难以支撑集约、智能、绿色、低碳、安全的新型城镇化建设。

(2)城市地质信息精度低、更新慢,难以满足城市规划建设管理的需求。我国仅有 34 个城市开展了三维城市地质工作,尚有 300 多个主要城市未推进系统的城市地质工作,已开展的城市地质调查中小比例尺多,大比例尺少。不同部门存储的地质资料分散管理,没有及时汇交并更新城市地质信息,难以起到提高城市地质信息精度的作用。城市空间布局、资源开发、环境保护、灾害防治等方面需要的地质信息不足。

(3)未形成标准化成果产品体系,成果服务难以融入城市行政管理主流程。针对城市总体规划、详细规划和专项规划,缺乏相应地质调查评价报告和图件。针对工程建设市场,缺乏系统的地质信息资料服务产品。针对城市日常运行管理,缺乏重大地质安全、资源环境承载能力、生态文明建设绩效、地质灾害风险等监测预警产品。城市地质调查成果与城市规划建设管理工作融合难,存在"两张皮"现象。

(4)城市地质调查工作机制不完善,难以充分调动各方工作积极性。上海等不同城市开展地质调查工作过程中探索形成的工作运行机制,由于城市管理体制机制各异,在全国推广存在困难。需要进一步探索中央和地方联动、公益性和商业性地质工作融合发展、政府多部门协调等方面的有效工作机制,充分发挥各方面的作用,共同推进城市地质调查工作。

(5)城市地质调查数据没有良好的更新机制,需要融入多专业、多部门的数据体系。现今国内建成的地质数据中心、平台基本多以资料储存为主,入库资料多为以往的地质数据且数据量小,各单位的核心数据和数据格式繁杂的地质数据也大多没有进入数据库,这就导致已经建成的数据管理平台没有实际经济价值。而且数据平台缺乏数据的更新机制,在原有的数据体系基础上,除了缺少水文、工程、环境等地质信息监测类数据的更新,还缺少部分委办局的相关数据体系。

(6)地质信息欠缺数据共享与融合的机制,在共享和统一上存在很大的障碍。地质信息的共享机制、共享方式、共享内容问题是如今各城市发展的重要症结所在,这也极大地限制了地质在城市发展和建设中的作用。目前,城市工程地质信息系统在基本地质数据库平台搭建上存在较大缺陷,其原因是多方面的:①知识产权的缘故导致各单位的地质数据单位间不流通,无法收集更多源数据;②由于不同采集方式、不同途径、不同厂家产生的数据来源多样性导致无法建立统一的输入通道;③只为本单位考虑适用的数据输入格式编码使得平台搭建缺乏最根本的基础。这些因素从根本上制约了目前城市工程地质信息系统的横向发展,一个地理信息系统只能局限在本单位平台内使用,其狭隘的数据生态系统制约了它作为数字城市平台中最基本要素的广泛性,从而无法建立起一个真正广泛意义上的城市数字地质模型系统,为数字城市提供基础平台。

(7)信息系统面向的用户比较单一,主要是面向地质人员、地质类部门的领导等,产品设计时缺少对其他委员会、办公室等对地质信息的需求响应。目前,城市工程地质信息系统在功能性上依旧拘泥于依托普通地理信息软件平台,其三维建模等信息可视化处理等由于功能专业性太强,只能通过加强系统的二次开发,提高与其他系统平台的交叉利用效率,才能提高系统的使用层面,丰富数字地质的应用层面。只有具备了丰富的展现形式和极大的适应性才能满足城市管理各方面的地质需求。

　　（8）缺乏技术标准或规范。城市地质信息化是一门以需求为导向的专业，目前国内不同城市地质的信息化系统建设工作主要是基于自身需求与背景进行研发，导致不同城市地质信息系统在研发流程、系统构架、数据组织管理等方面参差不齐，缺乏统一的技术标准作为指导与约束。缺乏统一的城市地质信息系统研发规范、三维地质模型数据标准、三维地质建模技术规范等，不仅影响了不同城市地质信息系统的研发效率，也增加了研发的成本负担。

第2章 城市发展过程中与地质有关的典型问题分析

城市快速发展过程中,由于发展规模、速度或者协调性等方面的不足,出现了地下空间建设、海绵城市建设和城市地质灾害等一些城市问题,而城市地质工作能够很好地缓解这些城市发展问题(图2-1)。例如,地下空间建设中地下管线、地铁线、地下停车场等的选址选线工作,对新区地下空间的总体规划设计和三维模型的建立,对大型公共地下空间的设计规划及地上地下建筑合理性分析等都需要地质信息的精准服务。城市地质灾害监测预警系统的建立更是对城市安全的重要保障之一。而合理的绿地规划、地下水、浅表水土调查,配以合理的给排水规划和道路、设施设计,则可促进海绵城市的绿色可持续发展。

在解决城市问题时,城市地质信息服务能够发挥出色的作用,既能做到防患于未然,也能促进未来智慧城市的发展。随着城市地质信息工作的逐步完善,典型的城市问题也会得到更科学合理的解决办法。

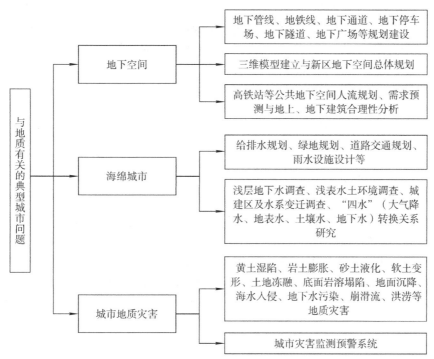

图 2-1 与地质有关的典型城市问题分析

§2.1 地下空间

城市地质工作是城市规划建设的重要基础,对推进我国新型城镇化建设具有非常重要的现实意义和战略意义。地下空间是宝贵的自然资源,作为城市建设和高质量、可持续发展的重要组成部分,在缓解城市用地、解决交通拥堵、改善环境质量、降低能源消耗等方面的综合效益日益凸显(图 2-2)。

图 2-2　地下空间剖面

　　中国地质调查局总工程师严光生在 2018 年 11 月的城市地质与地下空间国际研讨会致辞中表示,根据国家向地球深部进军的指导思想,中国地质调查局将城市地质调查与地下空间的探测与利用列入了"十三五"规划重点工作内容,明确要求开展地下空间三维调查、城市地下空间利用示范,评估城市地下空间资源潜力和利用前景,加快查清城市地下三维地质结构,推进城市立体发展和地下空间安全利用。

2.1.1　地下空间的功能分类

1.居住功能

　　人类在对地下空间开发进程中,最普遍也是最早的使用形式就是居住。从远古时代的穴居到黄土高原的窑洞,居住功能最贴近人的日常生活。近几年,绿色生态建筑得到重视和推广,现代化的地下或半地下居住建筑有其自身的独特优势。例如,位于瑞士迪蒂孔(Dietikon)的地下住宅,与传统住宅对比强烈,建筑师直接将其建在土地表面,将住宅也变成风景的一部分;该住宅利用周围景物作为天然屏障,有效地防止雨淋、风吹、寒流侵袭和其他自然磨损;房屋建筑方式很灵活,可以根据业主要求定制,同时考虑到环保发展趋势;贴近大地生活这一概念让人们从不同寻常的结构、墙面和直角中攫取生存机会,更接近大自然,为居住者带来特别的体验。

2.公共功能

　　地下空间的公共功能,相对于居住来说起步较晚,如今却是现代城市地下空间各类功能中发展最快、应用最普遍的一种方式。地下公共空间包括地下商业设施(商店、餐馆、旅馆等)、文化娱乐设施(美术馆、展览馆、体育馆、游泳馆、博物馆等)、教育科研设施(图书馆、教育中心等)、办公医疗设施(工作室、医院等)、其他设施空间(疏散通道、市政雨水收集调蓄设施、通信设施等)。

3.交通功能

　　城市地下交通主要包括两个部分:静态交通和动态交通。静态交通用于解决城市的停车问题,这类空间占地下交通空间比重最大,也最为普遍。动态交通包括地下轨道系统、地下道路系统和地下人行通道。

4. 市政功能

市政管线的建设越来越多地采用集约化模式,即采用"共同管沟"(供排水、热力、燃气、电力、通信、广电等市政管线集中铺设的地下综合管廊系统)的方式来铺设。这种做法在新城建设中尤其普遍,不但可以避免以往的市政管线直埋造成的道路反复开挖,也可以减少爆裂事故的发生。例如,日本东京的麻布、日比谷等地的共同沟采用盾构法施工。日比谷地下管廊造价为 1 000 万日元/m,它建于地表以下逾 30 m 处,全长约 1 550 m,直径约 7.5 m,如同一条双向车道的地下高速公路;由于日本许多政府部门集中于日比谷地区,须时刻确保电力、通信、给排水、供冷供热等公共服务,因此,日比谷地下综合管廊的现代化程度非常高,承担了该地区几乎所有的市政公共服务功能。

5. 防空防灾功能

地下空间对气象灾害、生命线灾害有天然的防护能力。对于地上诸多难以解决的如城市内涝、交通堵塞等问题,也需要通过开发地下空间来弥补。利用地下空间防灾是城市综合防灾系统的重要组成部分。

6. 物流仓储功能

物流是在物品从供应地向接收地进行实体流动的过程中,根据实际需要,将运输、储存、装卸搬运、包装、流通加工、配送、信息处理等功能有机结合起来实现用户要求的过程。在城市中,货物运输、邮件快递、废弃物运输、水流、气流、能源流、信息流等系统,都可以统称为物流系统。城市地下物流系统通过有效分流城市部分货物运输,达到缓解交通压力的目的,同时减少货运车辆,节约能源,减轻空气污染。

2.1.2　地下管线布置

城市地下综合管廊是将电力、通信、燃气、供热、给排水等各类工程管线整合在一起,在城市地下构筑一个隧道空间,并设有特定的检修口、吊装口和监控系统。对地下综合管廊实施统一的规划、设计、施工和管理是城市运行的重要保证。

竖向规划分区与协调需要进行相应的地质勘查工作。不同的地质情况,土壤、岩性与构造等对于地下管线的布置尤为重要。

为优先保障管线空间需求、协调道路地下空间资源利用,应结合各类主干管线的竖向分布规律,尤其是雨水、污水等对竖向要求严格的重力流管线空间分布,对城市干管廊道的竖向空间进行控制和预留。

随着城市地下空间开发的多元化,尤其是轨道交通的快速发展,占用了大量浅层地下空间。据统计,建成轨道站点大部分在地下 4 m 以内,80% 在地下 5 m 以内,大部分隧道区间在地下 7~10 m,地下管线普遍面临建设空间不足的问题,而且大量地下空间的建成与利用使得各管线间的安全受到威胁。因此,需要时刻关注管线密集区的地质应力变化状况,防止内部及地面坍塌使管道受损。

2.1.3　地铁线规划

软土地基的沉降变形,砂土液化与软土震陷,地层软硬突变,隧道、基坑突涌等典型地质问题是地铁选线规划面临的重大困难。因此,在地铁选线规划时要提前了解城市地质情况并做好相关预案,在地铁在建和投入运营期间也要时刻监测地质信息的变化,保证地铁的正常运营。

2.1.4　地下通道建设

连接相邻站点的地下公共步行路径能确保站点、公共空间之间的路径可达性,是构建站际地下联系的基础。其与城市地面空间形态、地下空间规划模式等有关。站际距离(包括站际直线距离和实际距离)一般在步行可忍耐距离范围内。其中:一般以同线相邻型站际距离为最长,以疏解相邻站点客流量为主要交通功能;异线相邻型站际连接形式多样,可分为站内联系和站外联系,站际距离多取决于城市空间及轨道线网布局形态;相交枢纽型空间呈集聚型,以疏解城际交通为主要功能,站际距离一般较短。

2.1.5　地下停车场建设

地下停车场是城市地下空间开发利用的主要方式之一。城市地下停车场大多建在大型商场或住宅区下面,这是城市地下资源优化利用的一种措施。与地上停车场相比,地下停车场容量大,几乎不占用城市用地。它不但能缓解城市拥挤,还可以为城市的绿化和美化留下更多的空间,从而提升城市的环境质量。

在城市主要建筑下建造大型停车场对于地质要求较高,而且由于地层承受应力的不同,所需要进行的工程也有所不同,因此,在规划前要掌握其地质基本情况以保证城市建设的安全。

2.1.6　地下隧道建设

地下隧道空间通常是埋置于坚硬岩层下的工程建筑物,供交通立体化、地下通道、管道运输、水利工程等使用,尺度和跨度较大。由于地下隧道空间很少用支持结构,是人类利用地下空间对地面破坏较小的一种形式。

2.1.7　地下广场建设

站际中部常连接多个公共区域,通常为商业建筑、写字楼等公共建筑及公共交通站点或城市广场等。其地下空间功能常为地上功能的延伸,或以补充地上功能为主,从而提供层次多样的活动形式。除了以商业、商务为主导的传统城市中心,在地下空间发达的加拿大蒙特利尔、多伦多出现了以文化建筑等为主的站际连接体系,并呈现出一定的功能混合趋势。随着站际体系的日益完善,公众可围绕站际地下空间展开除交通行为以外的消费、等候、寻路等多样行为方式。位于城市中心区的站际地下空间宛如一条巨大的纽带,将城市空间串联起来,形成一个巨型城市综合体。

2.1.8　高铁站人流规划与需求预测

高铁站地下空间需求预测时,首先采用类似用地分类预测法的形式结合区域地面空间规划的内容,根据每块用地的位置及用地性质,将区域划分为多个不同功能区,而在对每个功能区分别进行地下空间需求预测时,又采用其他不同的预测方法。高铁站地块及其相邻地块为交通枢纽核心区,该片区地下空间功能以交通换乘与商业配套为主。其地下空间需求预测分为两部分:换乘功能空间的预测要根据高铁站规模确定高铁站高峰时的游客收发量,再根据游客收发量估算各换乘设施、停车位需求量;地下商业功能的需求预测则应该与周边商业地块统筹考虑。商业区的地下空间预测也分为两部分:一部分为地下商业设施需求预测,通过类比其他类似城市的地面、地下商业面积比估算;另一部分为地下停车设施面积,根据地面建筑面积估算停车位需求,以预测该部分地下空间需求量。对于其他功能区块可以使用需求强度进行预测,根据地块的区位条件、土地利用性质、轨道交通建设情况等综合考虑地下空间需求情况。

目前国内外高铁站区域采用的开发理论主要是以公共交通为导向的开发(transit-oriented development,TOD)理论,强调以枢纽站点为中心,形成由核心区、拓展区和影响区所组成的圈层式功能结构,其中核心区和拓展区往往具有密度高、城市布局紧凑、换乘系统便捷、土地混合使用及步行环境适宜等特点。

2.1.9　城市新区地下空间规划的前景展望

地下空间的蓬勃发展过程中,政府与社会对地下空间的结构、基本情况提出了更高、更直观的要求,而三维建模技术的发展促进了地下空间的发展。地下空间三维模型的建立可以让政府的管理更加直观有效,让人们对于地下空间的认识更加简单,对地下空间的开发和安全有很大的帮助(图2-3)。

图 2-3　地下空间模型展示

城市建设是一项长远工作,在实施过程中,如果没有统一、科学的规划,将导致城市整体布局的混乱。我国地下空间的开发利用应当建立完善的管理体制,由各级政府牵头,组织财政、建设、交通、国土、规划、房地产、市政、消防等与地下空间开发有关的政府主管部门,形成长效监管机制,同时建立相应的学科顾问团队,为地下空间的规划提供理论支持及技术评估(图2-4)。

1. 重视发展轨道交通联系

城市发展需要建设合理、便捷的交通系统。尤其是对特大城市而言,多条轨道交通的交叉往往是城市建设的首要推动力,应当提升对地下空间合理开发利用的意识,以点线面为主体布局城市地下交通空间,提高城市地下空间综合效益。

（a）　　　　　　　　　　　　　　　（b）

图 2-4　地下空间规划效果

2．上下建筑的合理科学性

地上地下一体化的设计和建设过程中需要充分考虑地质情况是否符合建设需求。对于地质情况不是很理想的地区,在进行地下空间开发过程时,要保证地上建筑的安全,对地下空间的地质缺陷需进行相应的补救措施。

3．充分利用地下空间与地上空间的功能竖向分布

将商务、居住、教学、休闲、娱乐、绿化、步行等功能布置在地上,而公共交通、停车场等基础配套设施、市政设施地下化,形成多功能一体的综合区域,再通过增加文化艺术功能吸引艺术创意产业入驻,可弥补夜间"空城"的局面。

4．营造优美的宜居环境和独特的文化氛围

地下空间的规划涉及各个学科,涵盖了人们生活的许多方面。作为城市规划师和风景园林设计师,应当认识到城市空间是地上、地下空间共同构成的有机整体,发挥本专业的优势,进行统筹规划设计,展示城市魅力,构建共享城市,提升城市品质。

§2.2　海绵城市

海绵城市是指城市能够像海绵一样,在适应环境变化和应对自然灾害等方面具有良好的"弹性",下雨时吸水、蓄水、渗水、净水,需要时将储存的水释放并加以利用(图 2-5)。海绵城市的形成和发展与城市地质情况息息相关,城市地质调查为海绵城市的规划和设计提供有力的支撑,海绵城市的科学规划思路必须基于城市地质的服务。

2.2.1　海绵城市的设计思路

海绵城市的建设需要进行详细、科学的设计规划,给排水、绿地、道路交通的规划及雨水设施设计、地表河流等应用都是海绵城市建设的重要组成部分(图 2-6)。

1．给排水规划

合理设计饮用水管网、非饮用水管网,充分利用雨水、再生水资源作为绿化浇洒、洗车、水景等非饮用和非接触的低品质用水。落实雨水资源回用所需的雨水桶、回用池等回用设施,并与地下给水管网对接,确定设施位置、容量及其主要用途。建筑屋面雨水管应与室外雨水管道断接,并利用高位花坛、雨水花园等雨水收集回用设施实现雨水的散排、滞留、错峰和收集回用。在条件允许的情况下,宜结合场地竖向和道路断面布局植被草沟、渗排水沟等地表自然排水设施。在排水规划中,应贯彻源头控制的理念,将地上的绿色屋顶、植草沟与雨水花园等源

头径流控制设施与地下的雨水管网统一布置,有机衔接为一个整体。

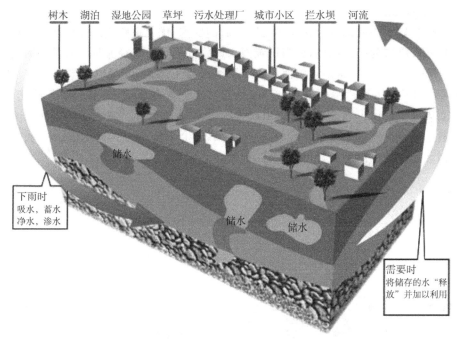

图 2-5　海绵城市水循环收集与释放示意

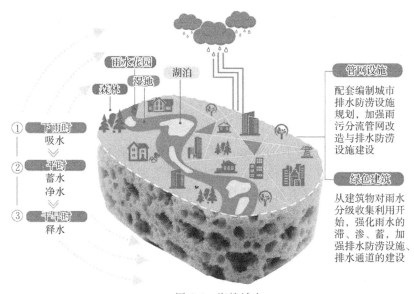

图 2-6　海绵城市

2. 绿地规划

设计绿色景观时融入低影响开发理念,在兼顾景观效果的同时合理布置雨水花园、植草沟、雨水塘等雨水设施。设计绿地时依据不同的绿地类型、规模,采用常规绿色与下沉式绿地结合布置方式,通过下沉式绿地适度消纳周边不透水场地的雨水径流;乔灌木结合的绿地可适当设置成雨水花园的形式以调高渗透能力;低洼区、原有坑塘宜因地制宜改造为雨水塘等低影响设施作为场地的调蓄空间。综合考虑地域特点、植物特性、环境景观等方面的因素,选择合适的本土植物进行配置,优化场地的绿地系统。

3. 道路交通规划

落实上位规划有关海绵城市建设对道路交通的要求,优化道路横断面设计,将道路绿化隔离带及防护绿带设置为凹式绿地,适当设置雨水设施以削减道路径流量。有条件的地区,机动车道、非机动车道可采用透水沥青路面或透水水泥混凝土路面;人行道尽量设置透水铺装,透水铺装路面设计应满足路基路面强度和稳定性等国家标准规范要求;地面停车场宜采用透水铺装。路面排水宜采用生态排水的方式取代传统排水方式,雨水先进入绿化带渗透净化,超标雨水径流通过溢流设施进入排水系统(图2-7)。结合生态排水方式优化道路排水方向,调整原有道路横坡和纵坡方向的设计,确定道路控制点平面坐标、高程。

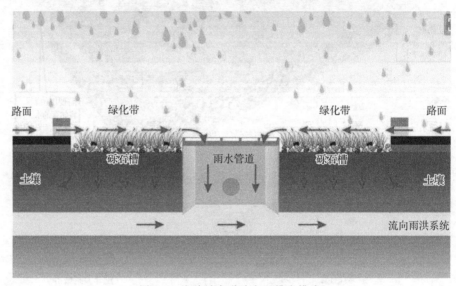

图 2-7　海绵城市道路交通排水模式

4. 雨水设施设计

保护优先,合理利用场地内原有的湿地、坑塘、沟渠等设施消纳径流雨水。可结合绿地、水体增设雨水塘、雨水湿地、渗井、蓄水池等工程型设施,其类型、规模宜通过水文、水力计算或模型优化确定,做到因地制宜、经济有效、方便易行。结合水体进行调蓄时,应将雨水处理与景观相结合,并根据降雨规律、水面蒸发量、雨水回用量等综合确定景观水体的规模。编制单一小地块或城市更新地区的修建性详细规划时,因受空间限制等原因不能满足控制目标的,可与区域雨水设施布局相协调,通过城市雨水管渠系统,引入区域性的雨水设施进行控制。雨水设施的设置在满足基本功能的基础上,应注重设施的景观设计,加强设施的维护和管理,并采取适当措施增强设施的安全性和教育性。统计雨水设施的工程量,并估算造价和效益,明确需要落实到绿地、公共空间等区域的非独立占地的雨水设施要求和要点,并衔接相关专业,进一步指导下层次工程设计。

2.2.2　海绵城市建设背景下的城市地质调查工作

1. 浅层地下水调查评价

浅层地下水由于埋藏浅,出水量较小,难以形成规模性开采,开发利用程度较低。在海绵城市建设背景下可以进行城市区域浅层地下水的水文地质调查,研究浅层地下水的补径排条件,尤其是土地硬质化后的补给、地下工程建设后的径流排泄条件的变化,研究浅层地下水水化学空间分布及城市化后的水循环演变特征,建立浅层地下水含水层空间结构模型,评价浅层地下水含水层储存雨水能力及开采条件下可激发的储存空间,为海绵城市建设的低影响开发雨水系统提供布局依据。

2. 浅表水土环境调查评价

海绵城市建设包括雨水集蓄利用(直接)和雨水渗透利用(间接)两种模式。其中,雨水渗透利用在增强径流雨水自然渗透的同时,也将抬高潜水水位,可能造成土壤盐渍化,而且城市化使城市区域内浅表水及土壤污染日趋严重,将导致城市水质型缺水。城市地质调查工作不仅可以进行深部地质环境要素的调查研究,查明地质环境承载能力(工程地质条件)、地质资源保障(评价深层地下水资源)及地质结构(区域地壳稳定性),还可以开展污染源特征调查、城市各类废弃物地质处置的实验研究和应用示范,评价水土污染的修复能力,为海绵城市建设的城市生态系统恢复和修复提供依据。

3. 城市建城区及水系变迁调查

城市化进程使许多河流被填埋、淤堵或自然消亡,河流数量减少,水域面积大大缩小,同时,随着建城区扩大,土地硬质化,严重影响城市水系的河网调蓄、防洪排水能力,这对城市发展产生了深远的影响。城市地质调查可以同时兼顾资源保障和生态环境质量的综合研究、城市建城区变迁研究、水系(河流、湖泊等)变迁调查,并注重城市未来发展区域的地质环境背景条件及城乡生态隔离带等的生态地质环境调查,服务于城市原有生态系统的保护,为海绵城市建设途径提供依据。另外,将城市地质调查融入城市规划建设与管理之中,还可拓展城市地质调查服务领域。

4. "四水"转化关系研究

大气降水落于地表后的侧向及垂向运动受陆面地形、地貌、植被、土壤质地等影响,入渗、蒸散发、径流等水文过程受控于土壤非饱和带、饱和带及地表水体,城市化后水文过程又受控于地表硬质化程度。城市地质调查可以进行跨学科的集成研究,研究大气降水、地表水、土壤水、地下水之间的转化与反馈作用,研究包气带岩性结构与降水入渗能力的关系,研究在极端气候及下垫面变化(硬质化程度)情况下,水文响应及水资源演变规律。把地表水文过程与地下水动力过程相耦合,建立地表水与地下水耦合模型,更加精确地模拟水文循环过程,反映水循环过程各要素之间的动态联系,可为城市低影响开发(合理控制开发强度,控制硬质化)提供依据。

§2.3　城市地质灾害

城市地质灾害是危害城市发展和居民安全的因素之一。城市地质灾害因城市的地质信息不同而有所不同,但只要加强城市地质灾害监测预警系统的建设,就能很好地减少相应的损失。因此,在加强防范城市地质灾害的工作中,地质信息服务功不可没。

2.3.1　常见的城市地质灾害类型

1. 黄土湿陷

黄土湿陷对人类工程活动危害很大,常使建筑物、渠道、库岸造成破坏(图 2-8)。因此,在湿陷性黄土地区进行建筑时,要特别注意防止水的渗入,并采取必要的人工土质改良或其他防治措施。在选址与建设过程中需要注意相关地质情况,尽量避开黄土湿陷区。

图 2-8　黄土湿陷

2.岩土膨胀

公路工程中因膨胀土发生的边坡失稳、路基变形、路面破坏、构造物开裂倒塌等公路病害造成的经济损失是巨大的。因此,研究膨胀土的工程性质,切实做好其工程地质勘察、设计与施工是确保工程建设质量的关键。

3.砂土液化

随着一次破坏性地震的发生,由砂土液化造成的危害是十分严重的(图 2-9)。喷砂冒水使地下砂层中的孔隙水及砂颗粒被搬到地表,从而使地基失效,同时地下土层中固态与液态物质缺失,会导致不同程度的沉陷;在地面表现为地面建筑物倾斜、开裂、倾倒、下沉,道路的路基滑移、路面纵裂;在河流岸边,则表现为岸边滑移、桥梁落架等。总之,一次破坏性地震过后,在砂土液化严重区,不管是地表的农作物还是地面的建筑物,都会遭到严重损失。

图 2-9　砂土液化灾害

4. 软土变形

软土具有天然含水量高、天然孔隙比大、压缩性高、抗剪强度低、固结系数小、固结时间长、灵敏度高、扰动性大、透水性差、土层层状分布复杂、各层之间物理力学性质相差较大等特点。我国软土分布广泛，主要位于沿海平原地带、内陆湖盆洼地及河流两岸地带。沿海平原地带软土多位于大河下游入海三角洲或冲积平原处，如长江、珠江三角洲地带。

软土分布范围广，但是力学性质不佳，在受力情况下很容易产生形变。因此，在软土发育地区进行工程活动时，常发生严重的工程地质灾害，主要表现为建筑物容易发生强烈的不均匀下沉，有时还因滑动变形造成地基或边坡失稳。地铁一般处于软土层位，应实时监测地铁沿线软土变形状况，并及时采取安全措施。

5. 土地冻融

土地冻融可产生一系列灾害作用，从而对生产建设和人民生活造成危害。冻融灾害在我国北方冬季气温低于零度的各省区均有发育，但以青藏高原、天山、阿尔泰山、祁连山等高海拔地区和东北北部高纬度地区最为严重。例如，东北北部冻土区有 10% 的路段存在冻融灾害，个别线路灾害路段达 60%～70%。青藏公路严重的冻融灾害给施工、安全运输、道路养护造成了极大的困难。

6. 地面岩溶塌陷

地面岩溶塌陷的影响比较恶劣，不仅对工程项目的具体实施带来较大危害，极有可能造成较大的安全事故，还会导致一些自然灾害的产生，并且一旦产生自然灾害，其影响也必然极为严重(图 2-10)。对一些矿产资源比较丰富的地区来说，这种地质灾害问题更加突出，也更容易发生。因此，在此类地区进行环境地质勘察的话，应该着重针对这一方面的状况进行全面调查，了解地面岩溶塌陷状况，进而保障后续相关操作的可靠性，以避免危害事故的发生。而水文地质塌陷问题需要针对水文地质进行全面勘察，尤其是对地下水的侵蚀和地质的变化来说非常有必要。

图 2-10　地面岩溶塌陷

7. 地面沉降

地面沉降又称为地面下沉或地陷。它是在人类工程经济活动的影响下,由于地下松散地层固结压缩,导致地壳表面标高降低的一种局部下降运动(或工程地质现象)(图 2-11)。中国有很多城市都出现了地面沉降现象,长三角地区、华北平原和汾渭盆地已成重灾区。地面沉降不利于建设事业和资源开发,发生地面沉降的地区属于地层不稳定的地带,在进行城市建设和资源开发时,需要更多的建设投资,而且生产能力也受到限制。在沿海地带,当地面沉降到接近海面时,还会发生海水倒灌,使土壤和地下水盐碱化。地面沉降会毁坏建筑物和生产设施,需要实时监测,采取应急保护措施。对地面沉降的预防主要是针对地面沉降的不同原因而采取相应的工程措施。

图 2-11   地面沉降

8. 海水入侵

滨海地区人为超量开采地下水,引起地下水位大幅度下降,海水与淡水之间的水动力平衡被破坏,导致咸淡水界面向陆地方向移动的现象就是海水入侵。海水入侵的影响因素包括地质、构造、岩性、含水层渗透性、含水层补给条件、含水层在海底方向上的延伸状况及大气降水等。这些因素对海水入侵的方式、途径、地点和速度均起一定的控制作用。

形成海水入侵,必须具备联系海水与地下淡水的"通道"。该"通道"是指具备一定透水性能的第四系松散层、基岩断裂破碎带或岩溶溶隙、溶洞等。这些"通道"都受水文地质条件控制。在泥质海岸带,透水性很差的泥质地层阻塞了海水与地下淡水之间的联系"通道",不具备海水入侵的水文地质条件,因此就不可能发生海水入侵。

9. 崩滑流地质灾害

崩塌、滑坡、泥石流,这几种灾害具有基本一致的形成条件与分布规律,常常在同一区域或地区相伴而生,因此,经常把这三种灾害统称为崩滑流地质灾害(图 2-12)。崩滑流地质灾害发生的一般条件是:地形高差大,切割剧烈;断裂构造发育,地震和新构造活动强烈;岩石裂隙发育,岩体破碎或土体结构松散;植被稀少;降水集中,暴雨、洪水及地下水活动强烈;人类活动对区域环境或局部地貌形态和岩土结构破坏严重。崩滑流地质灾害一部分为原生地质灾害,一部分是伴随地震、火山等内动力活动而形成的次生灾害。它们对人类具有多种危害,可造成人员伤亡,破坏城镇、矿山、企业和铁路、公路、航道、水库、电站等工程设施,破坏自然资源和流域生态环境,加剧水土流失及洪水、干旱等自然灾害活动,是影响山区社会经济发展,导致贫困的重要因素。

图 2-12　崩滑流地质灾害

10. 洪涝灾害

从发生机制来看,洪涝灾害具有明显的季节性、区域性和可重复性。例如,中国长江中下游地区的洪涝几乎全部都发生在夏季,并且成因也基本上相同,而在黄河流域则有不同的特点(图 2-13)。同时,洪涝灾害具有很大的破坏性和普遍性。洪涝灾害不仅对社会有害,甚至能够严重危害相邻流域,造成水系变迁。中国东部地区常常发生强度大、范围广的暴雨,而江河防洪能力又较低,因此,洪涝灾害的突发性强。在不同地区均有可能发生洪涝灾害,包括山区、滨海地区、河流入海口、河流中下游及冰川周边地区等。尽管如此,洪涝灾害仍具有可防御性。人类不可能彻底根治洪涝灾害,但通过各种努力,可以尽可能地缩小灾害的影响。

图 2-13　城市洪涝灾害

2.3.2 城市地质灾害监测预警系统

各城市地区由于受地形地质条件复杂、断裂构造发育、降水时空分布不均匀等自然条件的影响,加上人类活动引起的明显地质环境问题,导致泥石流、崩塌、采空塌陷、滑坡等突发地质灾害。这些灾害具有灾种多及高群发性、高隐蔽性、高突发性和高时间集中性等特点,因此,建立健全地质灾害监测预警机制就显得尤为重要。下面以北京市地质灾害监测预警系统为例进行相关的介绍。

1949 年以来,北京地区泥石流、崩塌、采空塌陷等突发地质灾害共造成 600 余人死亡,直接经济损失达数亿元。在开展各城市突发地质灾害监测预警系统建设项目之前,各城市地区对突发地质灾害进行监测预警预报主要采用野外调查和群测群防相结合的手段,专业技术手段较少。基于上述原因,北京市地质矿产勘查开发局向北京市发展和改革委员会提交了《关于各城市突发地质灾害监测预警系统工程项目建议书(代可行性研究报告)》。北京市发展和改革委员会于 2011 年 8 月 26 日下达了《关于批准各城市突发地质灾害监测预警系统一期工程项目建议书(代可行性研究报告)的函》(京发改〔2011〕1527 号),同意工程的实施。

通过对北京市突发地质灾害变形特征、物理场特征、诱发因素及其他影响因素的自动和人工监测,以通用分组无线业务(general packet radio service, GPRS)和北斗卫星双通道传输模式,实现北京市突发地质灾害监测预警系统的数据采集及传输,构建北京市突发地质灾害监测预警系统的数据基础。针对崩塌、滑坡及采空塌陷灾害"前期缓变,后期突发"的特点,通过对其形变数据的自动和人工采集、分析,实现对其变化趋势的中、短期预报。

北京市突发地质灾害监测预警系统的建成与使用多次预警了地质灾害的发生,减少了经济损失,保障了群众的生命安全,方便了相关政府部门的管理和维护工作(图 2-14,出自北京市突发地质灾害监测预警系统(二期)工程地质灾害监测预警信息服务开发概要设计说明书)。

（a） （b）

图 2-14 北京市突发地质灾害监测预警

第3章　城市管理对地质产品的需求分析

城市运维管理过程中,特别是一些基础建设与管理部门的工作,切实需要地质产品的支持,城市地质调研评价工作的重要内容就是为不同城市管理工作提供地质信息服务。实际上,地质产品对外发布与服务,特别是城市管理运营过程中不同业务流程的地质信息服务效果,是衡量一个城市地质信息系统是否成功的关键。通过调研发现,不同阶段政府各相关部门对于地质信息服务都有比较强烈的需求。该调研涉及的相关部门和单位主要包括环保、国土管理、城市规划、水利、城市建设、旅游等(图3-1)。调研结果表明科学、有效的地质信息服务,可以很好地帮助政府部门加强对城市的管理与开发。

政府部门在开展城市管理调查、规划、建设和运维过程中,因业务职能不同,所涉及的地质产品应用也不同。国土管理和城市规划部门主要在工作各环节中涉及相关的地质成果图件、资料的汇交审核;水利和城市建设部门主要在建设过程中需要查明相关地质信息并进行合理、科学地利用;环保和旅游部门主要关注的是地质信息的监测与预警。所有部门都需要数字化的建设来推动相关工作的高效运行,促进城市整体的科学发展。

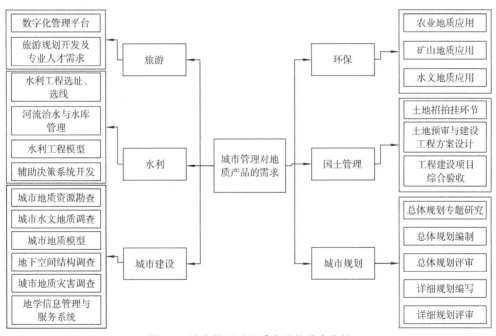

图3-1　城市管理对地质产品的需求分析

§3.1　环保对地质产品的需求分析

结合地质工作切入生态环境保护的思路,通过调研分析,下面将从农业地质、矿山地质和水文地质这三个方面来阐述环保对地质产品的直接需求(图3-2)。

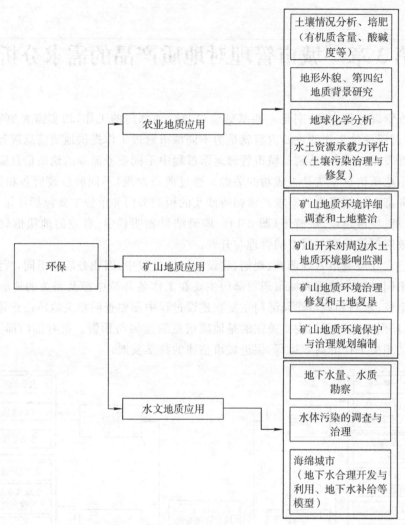

图 3-2　环保对地质产品的需求分析

3.1.1　农业地质应用

对于农业地质的背景调查,其实就是调查一些与农业生产有关的地质要素。这些要素包括土壤情况、地形外貌、养分情况及地球化学等。土壤资源调查一般需要根据土壤和地质的类型来进行。这些调查的内容包括对有效元素的测定、对土壤中有机物质的分析及有关酸碱度的测定等。通过对这些资源的调查,就能够合理地调节各方面内容之间的平衡性,从而使农作物达到高效施种和增产的目的。

1. 重点农业区域水土资源调查

在农业生产中,农业产品的质量不仅与土壤、气候、地形等有着密切的联系,与地质条件也有关系。若是地区之间在地形、地貌或者是土壤养分方面存在明显的差异,那么对于农作物的种植情况也会有所影响。例如,在一些花岗岩地区,这些地区的土壤主要是岩石在风化作用下形成的,一般适合种植一些林木或者是显示类的农作物;而在一些砂土地质区,则有利于水果的生长,适合种植苹果、橘子等。因此,农业地质的背景调查非常重要。

2. 水土资源承载力评估

水土资源的承载力是有限的,当达到极限时就会产生不可逆转的危害,因此,定期监测水土成分,查看土壤污染程度,动态控制农作物的种植,对于评估与保持地方水土承载力很重要。定期评估水土资源承载力并进行相应农业、林业调整,对于城市可持续发展、绿色发展尤为重要。

3. 农作物生长环境治理和修复

早在 1995 年,原国家环境保护局就已经发布了《土壤环境质量标准》(GB 15618—1995),其目的就是能够有效地保护土地资源。由于该标准所涉及的评价指标比较少,太过于笼统,不符合社会发展情况,因此,2018 年国家发布了 GB 15618—2018 和 GB 36600—2018,分为农用地和建设用地两个标准替代了旧标准。只要加强农业地质调查,就能够及时地了解土壤中有毒物质的来源、存在形态,以及其他联合生物作业等,这样就可根据土壤污染的地球化学等级来对土地情况进行分级,促进土壤环境质量评价标准体系的建立。从目前的情况来看,为了能够有效地治理土壤环境污染,保证耕地土壤的质量,就必须加强对有关制度的建立。而农业地质调查工作,能够为制度建立提供有力的推动。

主要的农业环境地质问题有土壤侵蚀严重、土地沙漠化、农业土地盐碱化、地质灾害频发等。这些地质问题对农作物的种植和选择会产生很大的影响。之前有些地方一味地开发农牧业而忽略环境地质问题,导致很多不可挽回的损失及地质次生灾害,既损坏了地方经济的可持续发展,也断送了很多当地人的生活来源。因此,对于地方的环境地质状况的监测显得尤为重要。通过研究环境地质特征,为地方提供可行的农业规划才是最科学实用的,也是最绿色环保的。

4. 第四纪地质背景研究分析

从地质学上来看,农业的耕种、发展基本都在第四系地层中进行,因此,对于第四纪地质背景的研究,对农业的开发和土地的使用尤为重要。其主要包括查清气候、地貌、生物和沉积物的特征和时空演变规律,揭示土壤环境改变与形成、发展、退化之间的本质关系,从而能够合理、科学地进行相关农业的开发与维护工作。

5. 土壤培肥技术研究

通常情况下,植物在生长过程中是离不开化学反应的。然而,产生化学反应的必要条件就是土壤中所存在的地球化学元素。这些元素不论是过多还是过少,都会对植物的生长情况造成影响。而且在调查这些地球化学元素时,还需要注意各个元素的来源情况,确保土壤中的各种地球化学元素是均匀的。例如,若是想要种植一些绿叶类的农作物,那么就一定要重视对土壤中硼元素的调查,为这些绿叶类农作物提供有力的条件。当土壤中缺乏某些元素时,会对相应的植物产生影响,这个时候就要相应地施以不同化学元素肥料,并且应该注意此类植物的种植范围和规模。通过时刻监测地方土壤化学成分含量来进行不同元素肥料的补充,可改善地方土壤质地,促进地方农业发展。

6. 土壤生物修复研究

污染土壤修复技术的研究起步于 20 世纪 70 年代后期。在过去的 30 年间,欧、美、日、澳等地区与国家纷纷制订了土壤修复计划,巨额投资用于研究土壤修复技术与设备,积累了丰富的现场修复技术与工程应用经验,成立了许多土壤修复公司和网络组织,使土壤修复技术得到了快速的发展。中国的污染土壤修复技术研究起步较晚,在"十五"期间才得到重视,列入了高技术研究规划发展计划,其研发水平和应用经验都与美、英、德、荷等发达国家存在相当大的差距。近年来,顺应土壤环境保护的现实需求和土壤环境科学技术的发展需求,科学技术部、国家自然科学基金委员会、中国科学院、生态环境部等部门与机构有计划地部署了一些土壤修复研究项目和专题,有力地促进和带动了全国范围的土壤污染控制与修复科学技术的研究与发展工作。

土壤生物修复技术,包括植物修复、微生物修复、生物联合修复等技术,在进入 21 世纪后得到了快速发展,成为绿色环境修复技术之一。生物修复对于环境的要求,如土壤性质、温度、酸碱度、营养条件等是比较严格的。因此,地方基础地质信息的匹配性非常重要,不同的地质环境适应的生物修复方式不同。在进行土壤修复前,首要工作就是建立地方基础地质信息服务,监测和维护土壤修复的过程及成果。

7. 水资源及保护性耕作研究

农业离不开水资源,水利工程的实施与维护又离不开基础地质的选择。对于不同地质环境下的水资源,需要运用不同的开发和维护手段。例如,对于补充量不足的水源地,应该在农业耕种上减少水作物的种植,提倡种植抗旱农作物,以能稳固水土的作物为主,这样才能促进水资源的自然绿色循环,同时,保证地方农业的可持续发展。

3.1.2　矿山地质应用

矿业是我国经济发展中的基础产业,然而矿山企业在运转的过程中,对环境造成了严重的污染。因采矿活动造成采空塌陷、地下水疏干、地质地貌景观破坏等问题,已严重危害矿区人民正常的生产生活,制约了当地经济社会的可持续发展。国家逐渐开始重视矿山环境保护,并在政府和公众的推动下,企业也逐渐开始正视本身行为所产生的环境问题。政府各项规定文件一再强调矿山地质环境保护,坚持"预防为主、防治结合,谁开发谁保护、谁破坏谁治理、谁投资谁收益"的原则。通过近几年的努力,部分矿山地质信息服务系统建成并投入使用,时刻监测矿山开采过程中的各种环保指标,逐步规范矿山企业的开采和后期维护过程。部分地区矿山地质建设成果斐然。在绿色环保的主题下,各地区相继展开整合、治理工作,向青山绿水的方向迈进。

1. 矿山地质环境治理修复和土地复垦

矿山地质灾害一直是困扰矿山安全和绿色发展的难题,主要表现为:土地资源退化、植被破坏严重;矿业"三废"(废水、废渣、废气)环境污染涉及面大、程度高;矿山地区地质灾害频发,严重影响了矿区内外居民的生产生活。如今企业对于环保的意识逐渐增强,地质灾害得到一定的控制,但是对于以往造成的地质灾害,也应该积极查明并做出相应的修复和复垦。例如,对于滑坡、崩塌、泥石流地质灾害的治理,建议采用削坡、排水、护坡、挡墙工程等工程措施。

在控制住地质灾害的影响范围和规模后,查明其基础地质信息,运用生物联合修复进行复垦修复,即联合利用植物、土壤动物和土壤微生物的生命活动及其生理生化代谢产物,改变废弃矿山土壤的物理结构、化学性质,并增强土壤肥力,从而达到矿山生态抵抗力稳定性逐步增强的效果,充分应对气象变化等诸多诱发性因素带来的滑坡、泥石流等地质灾害的发生。生物修复经济成本较低,可以综合协调"山水林田湖"的关系,从而在修复矿山土壤地质的同时改善环境,有益于人类健康,是一举多得的良好修复方法。

相对于传统的生产方式而言,符合生态文明的生产方式更加依赖于科学技术的参与和支持。"产学研"相结合的矿产资源勘查与开发技术创新体系的推广,是矿山开发的新出路,科学的工具使用和理论指导才是矿山绿色可持续发展的方向。

针对矿山地质灾害建立地质信息服务平台,应采用矿山地质灾害详细调查录入系统。系统数据包括数据汇总文件(电子工作表格式)、图片(静态图像格式)、文本(通用办公文件格式)及矢量图形(地理信息系统软件编辑),需计算机、GPS 等硬件设备支持。通过卫星定位功能与系统数据衔接,将每一个地质灾害及隐患点的分布位置、特征、威胁对象、监测联络人、负责人、防灾避险警示文字、应急防灾预案等建立电子档案,随时能快速调阅,从而形成快速响应机制,及时处理可能出现的灾险情,充分发挥防灾减灾的功能。

2. 矿山地质环境详细调查和土地整治

矿山地质环境详细调查和土地整治是矿山治理的基础工作之一,也是最重要的工作。矿山地质环境调查应系统查明在建矿山、生产矿山、废弃矿山、政策性关闭矿山的地质环境问题的类型、分布、规模和危害程度,将其统一汇总到地质信息平台中进行整理和分析,建立矿山动态监测机制进行实时的动态记录,并在平台中形成相应的数字地质模型,从二维和三维的角度进行矿山的整体分析。

3. 矿山开采对周边水土地质环境影响监测

除了矿山本身以外,还应该时刻关注矿山周边的水土地质环境的变化,相应建立起动态监测体系。可利用地表预埋监测桩和深部基岩地质孔等形式在重点区域实施监测标,全面掌握和监控矿山地质周边环境动态变化情况。

4. 矿山地质环境保护与治理规划编制

基础的矿山地质资料是矿山地质灾害易发区分区的基础资料,因此,必须对矿区的地质信息资料进行入库和整理,通过先进的分析方法对矿区地质灾害进行预测与划分。这将极大地减少矿山损失,也能及时发现问题并进行相应的整治和修复工作。而这些基础的矿山地质资料也为国土管理部门编制各级矿山地质环境保护与治理规划提供了科学依据。

3.1.3　水文地质应用

1. 海绵城市建设

水文地质信息可用于加强城市地下水合理开发利用,为海绵城市建设体系提供重要参考。运用水循系统和补径排规律,科学建立地下水补给水力模型。重点开展地下水流场及水质变化的研究,建立地下水补给数值模型,量化海绵城市雨水渗、滞、蓄、净措施和地表水转换地下水工程补源量,提出地表水转换地下水工程优化运行及地下水保护、开发、利用建议方案。发挥地下水含水层作为地下水库的调峰作用,达到雨季利用地下水含水层进行水量涵养和储存,至旱季再抽取利用的作用,以此完善海绵城市建设体系。

2. 地下水量勘查

针对相应的地下水资源进行详细全面的勘查是环境地质勘察中水文地质勘察工作的一个重要目标和任务,而在这种地下水的勘察过程中,地下水量又是最为核心的一个方面。这种地下水量不仅关系到地下水资源的使用问题,还会在较大程度上直接影响工程项目的实施效果,因为这种地下水的数量除了关系到人们的用水问题外,更关系到地下水的承载问题。如果地下水太少的话,就很容易造成相应的地下水结构承载效果出现较大的问题,进而可能会出现地表沉降等问题。一旦出现这种地表沉降问题,其灾害性还是比较恶劣的。因此,积极关注地下水量问题是极为必要的。对于这种地下水量的勘查工作,现阶段我国很多地区都存在比较突出的问题。地下水量的不断减少必然会给当地的环境地质产生一些不良影响,而水土失衡问题在当前也是比较突出的一个环境地质问题,需要引起相关水文地质勘查人员的高度重视。

3. 水污染问题勘查

要做好环境保护工作,对水污染问题进行勘查是必不可少的环节。水污染直接和人们的正常生活和健康挂钩,一旦水污染存在较大问题的话,其危害是极为严重的,因此,必须要在水文地质勘查中引起高度的重视。水污染问题受到多方面的影响,不仅有生活污水、工业污水的排放,随着当前大气污染的不断恶化,降雨质量也越来越低,进而会对相应的水资源造成一定的污染,如当前比较常见的酸雨问题就是一个最为突出的代表。

3.1.4　环保对地质信息管理与服务系统的需求

地质信息管理与服务系统的应用,能为环保部门提供更多的数据和成果,从而进行更加科学的环境承载力分析,为城市可持续、绿色发展提供相应的合理建议。接入相关的建设设备,实时上传相关数据并进行分析后,对环境污染的治理和恢复,可以做到实时监测、实时掌握,进而做到实时处理,可以防患于未然,也能在问题发生的时候快速有效地解决问题。

§3.2　国土管理对地质产品的需求分析

国土管理部门在地质信息的需求上最为直接,因为在其进行土地招拍挂、土地预审、验收等环节中都需要直接的地质相关勘查报告,这也是对土地安全建设利用的充分保证(图3-3)。

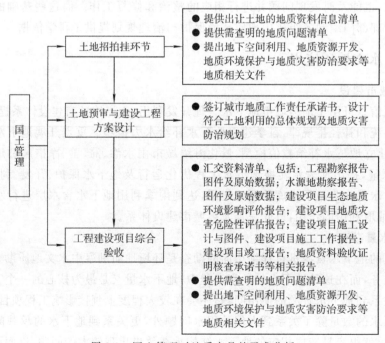

图 3-3　国土管理对地质产品的需求分析

3.2.1　土地招拍挂环节

土地招拍挂环节需要提供出让土地的地质资料信息清单,提供需查明的地质问题清单,提出地下空间利用、地质资源开发、地质环境保护与地质灾害防治要求等地质相关文件。只有对土地做充分的地质勘查才能吸引相应的开发和建设,这也是对城市建设安全的充分保证。

3.2.2　土地预审与建设工程方案设计

在土地预审与建设工程方案方案阶段需签订城市地质工作责任承诺书,并且设计应该符合土地利用的总体规划及地质灾害防治规划。只有充分了解该地区的地质基本情况和相关地质灾害特征,才能更加合理地提出建设方案,从而顺利通过土地预审。预审作为一项管理手段,其意义就在于它通过参与建设项目的前期审查,依据土地利用总体规划引导建设项目合理布局,防止建设"乱铺摊子"、重复建设滥占耕地,保证规划目标的落实,从而保证土地的可持续利用。

3.2.3　工程建设项目综合验收

工程建设项目综合验收阶段的地质资料汇交需要提交的资料清单有:工程勘察报告、图件及原始数据,水源地勘察报告、图件及原始数据,建设项目生态地质环境影响评价报告,建设项目地质灾害危险性评估报告,建设项目施工设计与图件、建设项目施工工作报告,建设项目竣工报告,地质资料验收证明核查承诺书等相关报告。只有做了相应的地质工作,才能保证项目建设的可靠性和科学性。

3.2.4　国土管理对地质信息管理与服务系统的需求

对比不同城市,地质信息系统发展不足的城市,其国土管理部门相关调查报告的提交和使用过程相对比较烦琐,并且成果比较单一、专业性很强。成果图件、文件的使用已形成一个特有的封闭体系,这让一些跨部门的项目实施起来变得程序烦琐、耗时耗力。部门间协同性的缺失,又导致城市发展速度缓慢,城市问题堆积。因此,作为城市发展的基础建设部门,国土管理部门对于地质信息系统的需求变得尤为强烈。地质信息系统能够简化并规范国土管理相关调查的流程,使相关成果的使用和审批变得更加科学透明,既便于管理也提高了政府的工作效率。

§3.3　城市规划对地质产品的需求分析

城市规划尤为看中地质信息的相关服务,不只是在相关规划流程中,在考虑人口、生产及环境等因素上也需要用到地质成果(图 3-4)。

3.3.1　总体规划专题研究

1."三区四线"划定地学建议

在各级城乡规划中需要划定"三区"和"四线"。其中"三区"指禁建区、限建、适建区,"四线"指绿线、蓝线、紫线、黄线。绿线是城市各类绿地范围的控制线。蓝线是城市规划中确定的江、河、湖、库、渠和湿地等城市地表水体保护和控制的地域界线。紫线是历史文化街区的保护范围界线，以及城市历史文化街区外经县级以上人民政府公布保护的历史建筑的保护范围界线。黄线是对城市发展全局有影响、必须控制的（建筑退让高压电线以及城市给水、排水、电信、燃气等）城市基础设施的控制界线。作为规划的强制性内容，提出有针对性的规划建设管理要求，是实现空间管制目标的重要手段。在省级城镇体系规划层面，不仅需要划定"三区"，还需要根据政府空间管理事权进行分级管制。各级城乡规划是一个有机的整体，"三区"与"四线"要上下衔接，将空间管制的要求通过省级城镇体系规划、城市（镇）总体规划、乡（村庄）规划、控制性详细规划，逐层逐级落实到地域空间和对不同地域空间建设管理的具体要求上，并通过建设项目规划选址和规划许可等，与日常的规划管理工作相结合。

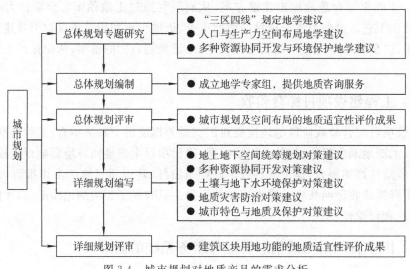

图 3-4　城市规划对地质产品的需求分析

　　随着地理信息系统等信息技术在城市规划编制和管理工作中的日渐普及及运用，将在宏观尺度提高划定"三区""四线"的精准性，进一步密切引导宏观规划到微观规划管制的联系，提高空间开发管制的应用价值和较大尺度范围内各类空间资源精细化管理的水平。

2. 人口与生产力空间布局地学建议

　　人口与生产力的空间布局与城市发展水平和所处的地理位置有关，一般地理位置处于道路节点的重要位置，其人口较多、生产力较强。但是受地质的影响，如矿业城市的兴起，拥有充足矿产能源的地方也会形成较大规模的城市，如徐州。但是矿业城市在矿产资源耗尽时就会走向衰落。还有一种情况就是地质旅游业发达的地区，如五岳、九寨沟等地区都带动了地方经济的发展。因此，对于地方地质信息的勘查和利用也与地方的生产力和经济水平有关。

3. 多种资源协同开发与环境保护地学建议

　　在城市和地区规划建设的同时，要考虑环境的保护，落实绿色可持续的发展理念，充分规划，对多种资源进行协同开发与利用。

3.3.2　总体规划编制

　　总体规划编制过程中需要成立地学专家组，在充分了解城市地质信息后，为城市规划提供地质咨询服务，保证城市在规划过程中不会出现因地质灾害等导致的建设问题。

3.3.3　总体规划评审

在总体规划评审阶段,需要对城市规划及空间布局的地质适宜性评价成果进行认真评审。基础地质的适宜性,是城市发展的重要支撑之一,更是城市安全的重中之重,因此,这一环节需要本着真实、科学的原则准备与进行。

3.3.4　详细规划编写

1. 地上地下空间统筹规划对策建议

通过开发具备地上地下一体化空间分析、属性分析、统计查询、浏览展示功能的三维地质体展示分析系统,将多年积累的地质体结构模型置入该系统进行统一管理,并在此基础上进行相关的规划和分析工作,可以给城市建设提供合理的建议。

2. 多种资源协同开发对策建议

城市建设是一项高难度、高风险、高投入的复杂工程,创新战略的实现要求国家创新系统中各类创新主体打破组织界限,整合内外信息资源,通过资源共建共享进行广泛的交流与创新合作。

3. 土壤与地下水环境保护对策建议

在进行相关城市规划过程中要时刻注意对土壤和地下水的保护和合理开发。这些是极难再生的资源,一旦遭到破坏将会给城市带来不可弥补的灾难。因此,在城市规划时要充分考虑到城市的水文地质情况和土壤情况。

4. 地质灾害防治对策建议

城市在进行相关规划时就应该对地质灾害防治的应对有所设计。对于潜在的地质灾害影响,在避开和弥补过后,也要对其防治和应对有所规划和安排,从而形成城市地质灾害防治措施。

5. 城市特色与地质及保护对策建议

每座城市都有其独特的地质特点,正是这些地质特点成就了城市的独特属性。因此,在规划城市建设的同时,要关注对地质生态的保护和合理开发,为城市的发展增添魅力。

3.3.5　详细规划评审

在详细规划评审阶段,需要落实建筑区块用地功能的地质适宜性评价成果,不仅要考虑到地上的规划安排,要和地下空间建设相匹配,还要考虑到用地的地质情况,以确保建设的安全性和合理性。

3.3.6　工程建设项目综合验收

工程建设项目综合验收是对前期城市规划的科学性和实效性进行验证评价,主要是通过分析工程项目在建设、运维过程中对周边自然环境、社会民生和经济发展产生的各种影响,进一步对各项环境、社会、经济指标进行综合评估,验证并进一步优化城市规划方案。

§3.4　水利对地质产品的需求分析

水利在相关工程选址、选线和整个开发过程中都需要考虑地质信息的变化,充分的地质信息勘查是水利工程的必要条件(图 3-5)。

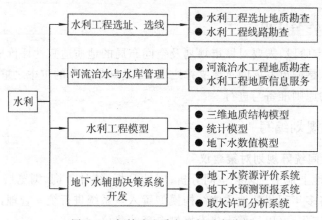

图 3-5　水利对地质产品的需求分析

3.4.1　水利对地质工作的需求

1. 地质勘查信息在水利工程选址中的应用

地质勘查是水利工程建设中重要的组成部分,为水利工程地址的选择,以及后期的设计施工提供了重要的参考依据。

水利工程地质勘查工作主要是对水利工程建设的地址进行地貌、岩石、地层结构及地下水位等信息的勘查。勘查方法包括地球物理勘探、钻探、坑探、采样测试、地质遥感等。勘查工作为工程的设计和施工提供详细的数据信息,是开展水利工程建设必不可少的工作,对于提高水利工程建设质量具有重要的意义。

2. 地质勘查信息在水利工程选线中的应用

修筑堤坝、开沟挖渠、引水灌溉等水利工程都需要预先勘查工程线路,选择地质结构稳定的线路或地址。为此,可建设水利工程地质信息库,将各水利工程勘查的地质信息入库,为以后水利施工提供数据支撑。

3. 地质勘查信息在治水中的应用

淮河治理是地质勘查信息应用于治水的一个典型例子。针对重点工程做大量的勘查工作,取得了许多宝贵的工程勘测资料,这些成果已在淮河治理中发挥了重要作用。

淮河治理是一项浩大的系统工程,随着社会进步、经济发展和人民生活水平的不断提高,提高水利工程建设的标准是必然趋势,而工程地质、水文地质工作是水利工程建设的前期基础工作。为确保今后在淮河治理工作中能随时查询和调用各类已有工程地质数据和水文地质数据,在防汛期间提供抢险措施决策的依据,有必要建立一套淮河流域水利工程地质信息数据库系统。

运用淮河流域水利工程地质信息服务系统可以进行地质数据的收集、存储、检索、分析、统计和维护,并可随时调用这些数据进行综合处理、编制报告和图件。在防汛期间可以针对堤防危险工段的险情,随时查询和调用有关的资料、数据或者图件,为采取抢险措施决策提供地质依据。这样既可提高地质数据的利用价值和利用率,又能保证信息的准确性、完整性和共享性,对淮河流域水利水电工程非常重要。该地质系统以数据管理为核心,在数据和图形音像之间,数据和统计、计算之间,数据和文字类信息之间建立了有效的链接机制。

4. 地质勘查信息在水库管理中的应用

水库地质信息服务可以完成水库的信息查询与存储、控制工作,实现水库水域、控制信息管理的立体化,为水库管理部门提供科学的决策依据,有效提高管理效率。

3.4.2　水利对地质信息产品的需求

1. 水利工程模型建设

1)三维地质结构模型

地下水储水介质的空间变异大,很难准确地确定一个区域内含水层或弱透水层空间展布情况,传统概化方法人为影响因素较大,有时根本无法反映实际的水文地质条件。基于马尔可夫链的地质统计学方法,以转移概率替代了交叉变差函数作为描述区域化变量空间变化的指示变量,这一变化使得建模过程充分利用了地质类型的分布比例、平均长度和相互间的转换趋势等地质统计信息,使得所建模型能准确直观地反映空间连续分布的底层可能存在的不对称性及各向异性特征。基于这种方法建立的地质结构或水文地质结构模型,可以很好地描述实际含水层的各个特征,从而使基于此建立的水文地质概念模型更加真实可靠。

2)统计模型

研究降水对地下水水位影响的常用统计学方法有:回归分析法、后向传播(back propagation, BP)神经网络模型、时间序列模型等方法。可在收集资料的基础上,结合区域实际情况,比较各方法的优劣,选择适用的统计模型。

3)地下水数值模型

20 世纪 60 年代之后,随着计算机技术的进步,地下水数值模拟技术获得了长足的进步。目前地下水数值模拟技术是当代水文地质学研究和应用的最重要手段之一。地下水数值模拟技术具有特殊的优越性:①地下水数值模拟技术可以通过系统地分析和整理已有的水文地质、物探、钻探、调查、监测、同位素、遥感等资料信息,建立地下水运动的数值模型,从而在总体上刻画地下水在空间与时间上的分布与运移规律;②地下水数值模拟技术具有超前预报预测地下水水位变化的功能,从而可为工程方案设计(如污染治理方案、供水方案等)提供科学的依据;③地下水数值模拟技术与计算机可视化技术相结合,可以动画或数字化形式及时、生动地表达地下水运动、地下水水位变化等,得到对地下水资源的实时管理与监控,从而进行风险评价分析与调控。由于当今地下水模型技术的普及和计算机技术的迅速提高,地下水数值模型作为地下水系统分析的重要工具,在解决具体水文地质问题的过程中发挥着日益重要的作用。

2. 地下水辅助决策系统开发

利用现代计算机技术和信息服务无缝集成,基于数值模型和统计模型开发地下水资源评价、取水许可分析、水源地开采分析、地下水预测预报等业务分析系统,可为地下水的管理工作提供技术分析支持。

1)地下水资源评价系统

地下水资源评价中,可开采资源量评价是一项相当复杂的工作。利用模拟系统反复运算模型,计算在现有开采布局条件和规划布局条件下,不超过允许水位降深、不出现地下水位持续下降,或者水源地地下水位持续下降速率不超过限定值的情况,此时计算得出的开采量就可作为可开采资源量。

地下水资源评价系统包括如下功能模块。

　　(1)初始流场设置,可根据监测水位数据自动插值生成或导入 TXT、DAT 等格式的流场数据。

　　(2)降雨入渗,可参照历史序列给定月降雨量数据、给定降雨总量与降雨频率,或者直接指定丰平枯年份,考虑降雨入渗滞后效应可设置月比例系数。

　　(3)地表水体渗漏,自动读取并计算地表水体渗漏量,支持对数据的人工修改。

　　(4)灌溉回渗,根据农业开采量和灌溉回渗系数自动计算灌溉回渗量,支持人工修改。

　　(5)地下水开采,自动读取实际或规划年地下水开采量。

　　(6)水源地开采,按照已建或规划水源地的开采能力进行赋值。

　　(7)地下水回灌,根据南水北调回灌规划进行赋值计算,支持人工修改。

　　(8)边界条件,自动计算边界侧向流入流出量,支持人工修改。

　　(9)水位约束,给定水源地、乡镇允许水位变幅。

　　(10)资源评价,按照开采量调整规则,反复调用模型进行计算。

　　2)地下水预测预报系统

　　地下水模拟技术的优越性之一就是具有超前的预测预报功能。地下水变化趋势预测主要是在给定的开采方案下,进行区内地下水位模拟和流场变化趋势预测,如连续枯水年条件下进行现状开采,其水位和流场变化趋势预测。同时,集成统计模型研究成果,可提供基于统计模型的地下水预测预报。地下水预测预报系统包括如下功能模块。

　　(1)地下水位预测:根据用水计划、水源地供水规划及预估降雨量,利用数值模型可以实现地下水位预测,分析预测成果并以等值线或面、过程线形式展示。

　　(2)地下水位变幅预测:可以实现预测水位变幅的分析统计,分析结果以变幅等值线或面、分区统计表等形式展示。

　　(3)地下水蓄变量统计:可以实现各行分区的水位变幅统计、地下水蓄变量统计,其分析预测成果以数据列表、柱状图等形式展示。

　　(4)地下水水位分析:利用数值模型预测预报结果,结合允许水位变幅进行分析,划定超出预期的区域及其差值,辅助地下水资源的保护和管理工作。

　　(5)地下水位预报(统计模型):集成本次项目建立的数理统计模型,利用数理统计方法对地下水水位进行预测预报。

　　3)取水许可分析系统

　　取水许可分析系统包括如下功能模块。

　　(1)已有钻井信息管理:地图上显示钻井分布情况,实现钻井基本信息查询,同时可根据乡镇、成井年代、井深等条件进行查询统计。

　　(2)年度取水计划分析:水资源管理工作中,需要根据实际,关停超采区一部分水井,同时对有开采潜力的地区新建一批水井,以满足工农业生产用水要求。地下水井开采管理模块综合分析地下水超采区、地下水位漏斗分布区、含水层饱和厚度、水文地质条件等因素,结合水井分布情况,就水井关停和新建选址给出合理建议。

　　(3)新钻井开采分析:在搜集已有钻井资料的基础上,根据地质统计学进行岩性分析,分析的结果保存入库。可以点击任意区域查询岩性,辅助井址选择,确定选定井址的打井深度及滤管深度等。对于新建井,能利用数值模型技术快速计算新建井开采引起的水位降深,并分析对周围井可能产生的影响,为取水许可提供定量化的技术支撑。

（4）开采优化分析：根据国家颁布的《取水许可和水资源费征收管理条例》和水利部颁布的《取水许可管理办法》，综合考虑开采条件、环境影响与地下水超采程度，对各个取水申请方案进行评价，最终的评价结果可为有关政府部门在审批取水许可证的过程中提供一定的科学决策依据。在给定开采井位置、申请水资源开采量，和用水类型的情况下，首先对各申请方案分别进行地下水数值模拟，按照申请的开采量连续开采一个周期进行计算，最后模拟计算出水位降深情况。若评价的方案出现疏干情况，则不给予取水许可；若出现一定程度的水位下降情况，则根据提供的评价方法对该方案进行综合评价。根据水文地质条件对研究区地下水开采适宜度进行等级分区，分别为：不适宜开采、较不适宜开采、一般适宜开采、较适宜开采、适宜开采。

3.4.3　水利对地质信息管理与服务系统的需求

水利部门的工作主要分为水利工程的建设和水文地质的监测，这两者都离不开地质信息产品的服务。相应的地质信息系统能够很好地帮助水利工程完成建设过程中的选址、选线等任务，并建立相应的水文地质模型和工程地质模型，方便了水利工程的规划和实施，也能为公众提供相应的专业服务。相应监测数据的实时更新上传也为水文地质监测工作带来更加科学和便捷的工作方式，能够提升水利相关部门的工作效率，为社会提供更加优质的服务。

§3.5　城市建设对地质产品的需求分析

城市建设过程中，尤其是地基的处理、地下空间的开发、地下水的开发等环节，需要相关的专业地质信息服务（图 3-6）。

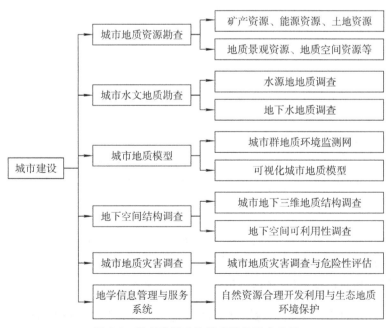

图 3-6　城市建设对地质产品的需求分析

3.5.1　城市及城市群地质环境资源情况勘查

地质环境资源是指地质环境内可供人类利用的一切物质。随着科学技术的进步,这种资源的概念在不断地发展。在现阶段,地质环境资源至少包含下列几个方面:矿产资源、能源资源、建筑材料资源、土地资源、水资源、地质景观资源、地质空间资源等。这些地质环境资源绝大多数是不可更新资源,使用破坏后不能再生。

在城市发展过程中,需要用到很多资源,了解和掌握城市相关地质环境资源情况,能够让人们在建设城市时更合理地开发和利用城市已有的资源,能够在建设和开发过程中避开很多地质灾害,还能够保护已有资源使其绿色可持续地开发利用,从而促进城市的持续发展。

3.5.2　城市水文地质工程调查

水文地质工程调查可以指导城市规划建设,辅助城市应急指挥。水源地数据展示主要包括:河流属性信息、河流河段属性信息、水厂信息、水源地基本信息、观测孔、水源井等信息。通过查询、统计与对比分析,可为政务部门提供多种水源地数据服务。

城镇供水水源地管理系统综合运用 GIS 技术、遥感技术等先进信息技术,设计网络化、空间信息化、专业化的水源地勘查信息服务模块,实现以供水水源地为核心的水文地质、水质、水资源量、开采潜力、环境地质问题、水资源优化配置方案及水源地保护方案的管理和查询功能。该系统能够通过地图直观展示水源地的位置信息,并能够利用空间分析技术对水源地服务范围、最近水源地进行分析。

3.5.3　城市群地质环境监测网和可视化城市地质模型建立

城市群地质环境监测网和可视化城市地质模型建立主要可从 8 个方面进行。

(1)开展城市群基底构造和活动断裂调查,查明其分布、活动性及地震工程地质效应,评价城市群区域地壳稳定性和地质安全。

(2)开展城市群第四系岩土体工程地质调查,查明城市群岩土体类型、结构及其工程地质性质。

(3)开展城市群水文地质调查,圈定城市群城市供水水源地、应急后备水源地及富水地段的范围,评价其可采资源量,查明地热和浅层地温能的分布及其开发利用潜力。

(4)开展城市群地质灾害调查和风险评估,查明滑坡、崩塌、泥石流、地面沉降、地裂缝等地质灾害的分布及其成因机理,研究规避和缓减地质灾害风险的关键技术。

(5)开展城市群地质资源调查,基本查明城市群天然建筑材料、地质景观、地质遗迹等状况。

(6)开展城市群水土环境污染与废弃物处置调查,查明水、土资源污染现状,开展废弃物处置场地评价。

(7)建立城市群地质环境监测网,全面调查和监测城市群地下水、地面沉降、地裂缝、地应力、土地利用等环境要素动态变化。

(8)建立城市地质模型,以及城市群城市地质管理决策支持信息服务。

3.5.4　城市地下三维地质结构调查与地下空间可利用性调查

地下空间资源总量有限,而且地下空间的开发是不可逆的。因此,要实现开发效益的最大化,就必须对地下空间开发量做出合理的需求预测。目前,地下空间需求预测的方法有多种,主要可以分为三类:第一类是指标预测法,通过规划人口、人均建设用地面积等指标推算出城市空间需求总量后,根据经验确定地上地下空间的比例来估算地下空间的需求量;第二类是用地分类预测,根据地下空间功能不同,分别计算各个不同功能用地的需求量,求和以得到城市地下空间总体需求量;第三类是需求强度预测法,根据地下空间需求量的影响要素建立需求模型,根据地下空间需求强度对模型中各地下空间进行分级。综合预测,即整合上述多种预测方法,对城市地下空间进行预测。

3.5.5 城市地质灾害调查与危险性评估

在现代社会发展过程中,城市建设进程不断加快。而在城市建设中,地质问题尤其重要,任何建筑物的构建都离不开地基,地基土层质量的好坏能够直接影响到地质质量。在地基构建过程中,岩土层由于环境、气候条件、地下水、地质构造等因素会对地基质量产生影响,不同时期、不同地质条件下形成的地基稳定性也大不相同。在城市建设过程中,这些问题的影响都较为严重。针对这一现状,在地质灾害治理过程中,地质调查工作的实施对地基土的质量好坏能够有良好的检测作用,对城市建设及地质灾害治理而言,具有非常重要的影响和作用。

从城市地质应用着眼,加强建设项目适宜性分区,可有力指导城市建设发展,将综合地质灾害调查及防治理论和方法运用到隐患排查工作,以更加精确、精准的地质调查工作,紧密结合地下水连通和地面地下负荷承载能力等因素,科学合理地划出相对独立的评价单元和评价因子,并从地质角度提出专业评价,从而为人口密集区土地利用环境适宜性分区提供依据。对涉及人防工程、地铁建设区域进行动态监控,对城市地质灾害隐患点存在的集中区或危险区,采取相关物探方法,根据当地地质环境特征和工程建设情况,采用适合该地区的工程措施进行治理,建立城市地质信息数据库并加强共享机制,形成长期有效的治理方案,进而有效控制地质灾害的发生,保障人民生命财产安全。

3.5.6 地下水资源环境调查与评价

地下水数据调查与监测,可为保护和合理开发地下水资源,防止和控制地下水污染,保障人民身体健康,促进经济建设提供数据基础。地下水环境质量展示的数据包括:地下水水质特征、地下水用途、地下水质量分类等地下水环境相关信息。根据地下水环境质量信息,实现对地下水水质、用途、质量分类,按行政区界、用水职能、城市规划建设等信息进行查看,并可分析统计水质中各化学元素,给出各种报表及相关等值线和分区图件。

地下水环境监测预警信息服务以 GIS 技术、数据库技术为依托,面向专业人士提供基于地下水环境相关数据的接收、推送、处理、查询、分析评价服务的功能,实现对地下水环境的评价,为地下水开发利用和保护信息的需求提供基础信息服务。目前其主要包括:在现有监测预警物联网的基础上,实现地下水环境数据的采集、传输、接收、集成和分析功能,并集成 GIS 技术和空间分析评价模型对地下水环境风险、地下水环境污染进行评价,生成相应的分析预报产品。地下水环境监测预警信息服务可实现对城市地下水环境的有效监测、评价,通过评估地下开发利用对地质环境产生的影响,为政府在地下水管理领域提供决策支持。

3.5.7 城市建设对地质信息管理与服务系统的需求

城市建设需要更加详细的地质勘查资料,包括水文、矿产资源等各个方面,因为其直接涉及人民群众的直接利益,这就需要城市建设部门把好地质信息关,做好地质信息的相关工作,如为城市规划、建设和管理提供基础数据,为政府决策和应急指挥搭建可视化平台,为社会公众信息需求提供全方位服务等。

通过地质环境调查和信息服务建设,查明中心城区生态地质环境条件,对区内的地下水污染、地下水质及地表水质、地下水资源及潜力、城市后备供应水源地、土壤质量、生态环境地质质量及容量等进行综合评价,并进行城市发展功能区和工农业生产布局的地质环境适宜性研究评价、发展规划地质环境适宜性评价,提出对土地资源、地热资源、旅游地质资源、水资源等自然资源合理开发利用与生态地质环境保护的措施建议。

§3.6 旅游对地质产品的需求分析

1984 年,中国学者陈安泽等人提出了"旅游地学"的概念,并于 1985 年成立了中国旅游地学研究会,这极大地促进了旅游地学学科的建立和发展。1991 年,陈安泽等人所著的《旅游地学概论》出版,标志着旅游地学学科的初步确立。自地质公园事业开展以来,旅游与地学的结合则更为紧密(图 3-7)。迄今为止,以地质地貌旅游资源为主要研究对象的学科面貌日臻成熟。

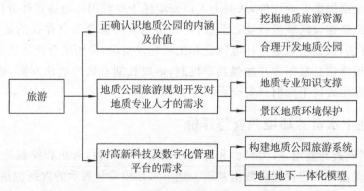

图 3-7 旅游对地质产品的需求分析

3.6.1 旅游地学学科发展的基本情况

中国的旅游地学是围绕地质地貌旅游资源的合理保护及利用研究而形成的一门交叉性学科。

我国的旅游地学研究明显经历了三个发展阶段,即 1988 年之前的缓慢起步、个别发展阶段,1988 至 1998 年的重点发展、学科奠基阶段,1999 年以来的快速增长、全面发展阶段。

在地学与旅游这两翼的交叉中,旅游地学同步于这三个阶段相继经过萌芽、隐伏、实践发展,逐步成为学科研究的核心与归宿,它是旅游地学有别于其他地学学科的关键支撑之一。而地质旅游资源则通过成因、分类、类型、美学等研究,为旅游提供科学及景观美学支撑,其中脱颖而出的旅游地貌学已有部分向纵深发展。旅游地学研究已显现出专门化、交叉性与综合性、人文化、管理化、定量化、生态化等六大趋势。

地质公园是旅游地学的最佳实践平台,是地学与旅游两翼的对接点,目前在研究上尚处于前科学化阶段。截至 2020 年底,全国已批准建立国家地质公园 275 个。

3.6.2　地质旅游资源的特点

1. 稀少性

地质旅游资源同其他旅游资源一样,必须具有稀少性,才能使其具有旅游的价值而成为旅游资源。例如,东非大裂谷是由拉张作用形成的规模巨大的构造型裂谷,在世界上堪称独一无二;河南西峡盆地白垩系地层中的恐龙蛋及恐龙骨骼化石,其保存之好、数量之多,在世界范围内也无第二处。这些地质旅游资源在世界范围内都极其稀少,因此,具有极高的旅游价值。而诸如普通的岩体景观,几乎到处都可以看到,因为不具备稀少性,所以不能成为地质旅游资源。

2. 典型性

地质旅游资源必须是典型的地质现象。例如,我国黑龙江五大连池的景观是非常典型的火山景观之一;再如嵩山南坡的嵩阳运动遗迹,是下元古界嵩山群罗汉洞组底部的变质砾岩不整合于太古宇登封群绢云母片岩之上,清楚地反映出古元古代与新太古代之间的一次南北向挤压的强烈构造运动。如果不是典型的地质现象,则不能成为旅游资源。例如,普通的地层剖面,因保存不好、时代不全,就不属于地质旅游资源;但如果地层剖面保存完好、时代连续(也就是标准地层剖面),则可以成为地质旅游资源。

3. 形成过程的漫长性和不可再生性

地质旅游资源与其他的旅游资源(如人文旅游资源、生态旅游资源等)相比,具有不可再生的性质。由于地质旅游资源都是经过漫长的地质作用形成的,少则几十万年,长则几百万年、几千万年甚至上亿年,很多地质现象是人工技术无法再现的。此外,地质旅游资源一旦遭到破坏,便无法修复,不像其他的旅游资源可以进行人为修复。

4. 影响因素的多样性和形成过程的复杂性

地质旅游资源的影响因素是多种多样的,有物理因素、化学因素,还有生物因素,有内力地质作用,也有外力地质作用。其形成过程是长期的、多次综合作用的结果。

5. 知识性

地质旅游除了满足人们视觉享受和好奇心外,还能了解一些相关地质知识,陶冶精神情操。

3.6.3　旅游对地质信息管理与服务系统的需求

1. 正确认识地质公园的内涵及价值

公园的开发项目主要集中于观光旅游、休闲度假、民俗风情体验等大众化的旅游产品,而对地质公园特殊的地质旅游资源来说,没有得到充分利用、深入挖掘。目前,国家地质公园的宣传推介仍停留在传统风景区和影视基地方面,对相应的地质科学内容重视程度不够,不能充分展示地质旅游资源,降低了地质公园的科学品味和内涵。同时,过分的开发和不充分的保护会造成地质公园环境压力过大,甚至产生负面影响。

2. 地质公园旅游规划开发对地质专业人才的需求

地质公园的管理和服务机构及导游人员普遍缺乏系统的地理学知识的学习,导致公园内资源管理和保护得不到地质专业知识的支撑。旅游标识不能突出地质景观旅游资源,地质科技旅游特色不突出。在景区讲解过程中,只停留在对石林的形状和传说讲解的表面性上,缺乏对地质地貌的成因、演变和保护的科学解释,地质教育作用不能充分发挥。地质公园内缺少地质科学内容宣传介绍,造成地质公园名不副实。

3. 对高新科技及数字化管理平台的需求

就我国数量庞大的国家地质公园而言,应用 GIS 技术的还是凤毛麟角,只有吉林长白山、广东丹霞山、四川九寨沟等少数几个国家地质公园建立了地理信息服务。与美国等发达国家的国家地质公园 GIS 建设和管理相比,我国地质公园的 GIS 建设还处于起步阶段;在利用地质科学成果进行旅游规划、景区景点的策划等方面,现代技术支持还不够。构建公园旅游系统及相关地上地下一体化模型是现在各大地质公园的切实需求,信息化、数字化的管理展示平台是其旅游发展的模式和方向之一。

第4章 面向政府管理的地质产品服务模式研究

城市地质工作的基础是要实现地质资料信息的集群化,就是通过构建地质资料汇交和社会共享机制,把分散、孤立的地质资料汇集到统一的共享平台上来,再通过对地质资料的信息化、标准化,进一步整合、挖掘地质资料信息的内在价值。地质资料信息服务产业化就是充分发挥社会主义市场经济作用,通过服务机制和模式的创新,发挥海量综合地质资料信息的深厚潜质,结合地质工作者的知识和智慧,探索地质服务多元化,实现地质资料信息由量变向质变的升华。这也成为地质工作服务经济社会发展的有效途径。

实施地质资料信息服务集群化和产业化战略,旨在促进地质工作更加紧密地与经济社会发展相结合,更加主动地为经济社会发展服务,构建以社会需求为导向的城市地质工作服务新机制。充分利用已有的地质资料集群化体系及扎实的信息化基础,结合地方实际,创新建立具有地方特色的地质信息社会化服务模式,可有效提升地质信息服务经济社会发展的能力与水平。

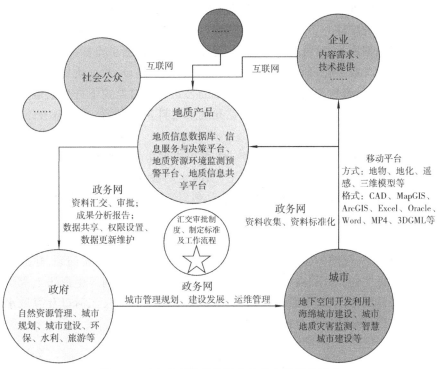

图 4-1 面向政府管理的城市地质产品服务模式

面向政府管理的城市地质产品服务模式(图 4-1),以上海市城市地质信息化工作为示范,充分借鉴其两化模式(即工业化和信息化)的主要经验。

(1)强化地质资料汇交机制。为提高地质资料集群化程度,上海市政府出台了相关地质资料汇交管理办法;上海市自然资源管理部门与上海市建设和交通委员会联合发布了《关于加强本市建设工程地质勘察报告汇交工作的通知》,在建筑施工许可阶段增加了地质资料汇交的告知和催交环节,将城市勘察地质资料纳入地质资料汇交管理主流程,从制度和机制上保证了城市勘察地质资料的正常汇交和统一管理。上海市要求汇交单位在提供纸质地质资料的同时,提交地质资料电子文档,地质资料汇交率达到97%以上,初步实现了地质资料汇交的全覆盖,为地质资料信息化建设和集群化打下了良好的基础。

(2)搭建地质资料信息社会共享平台。地质资料分散、信息封锁是制约地质资料信息共享的主要瓶颈。在上海市政府的出面协调下,上海市地质资料馆与该市市政管理、岩土勘察设计、工程建设等相关单位签订了地质资料共享协议,整合了上海市城建档案馆馆藏资料,建立了地质资料信息共享机制。按照共同建设、共享资源的原则,将分散保存在不同行业和单位的地质资料,通过联合、技术合作、专题合作研究等方式,使各自掌握的零散地质资料汇总于基础地质信息平台,实现免费共享信息服务。

(3)开展集群化和产业化关键技术研究。上海市自然资源管理部门联合相关大学等单位,共同开展了海量异构空间地质资料信息的快速检索、地质成果的三维立体显示、地质过程的可视化模拟等关键技术攻关,积极推进上海三维可视化城市地质信息管理与咨询系统的平台升级;探索二维地质结构与地质环境的耦合,实现地质环境变化过程模拟与预测;研究三维地质结构与地下空间的耦合,实现地下空间利用与地质环境的有机结合。

(4)制定信息化标准和工作流程,建立地质资料数据库。为稳步推进地质资料信息化建设,上海地质调查研究院建立了城市地质信息网,并与有关单位合作,开发建设地质资料数据库,建立地质资料数据库模型,统一数据格式和技术标准。依据工作标准和流程,补充地质调查,进行地质资料图文数字化、地质钻孔坐标读取和数据库建设、数据质量检查和成果入库等工作。面对海量的地质资料和数据,委托有实力的公司在实时监控下进行数据录入并自行对数据进行检查,累计录入城市工程地质勘察钻孔地质资料30多万个,而且还在逐年递增,实现了地质资料信息化。

(5)积极推进地质资料信息多元化服务。上海市以城市规划和城市建设需求为导向,积极开展地质资料信息应用,主动融入政府管理主流程,主动参与到自然资源管理、城市规划和建设、城市安全管理等各个领域,探索地质资料信息参与经济社会发展的服务模式。紧紧抓住大型市政建设项目,利用地质资料数据库中的钻孔资料,建立了城市地下三维地质模型,为虹桥商务区规划、浦东新区战略规划编制,城镇体系布局、市政基础设施规划,超前开展规划地质环境评价工作,提供快捷、优质的服务。针对上海市地面沉降的主要地质问题,建立了地面沉降监测数据库,把轨道交通、防汛、高架桥梁、磁浮列车、西气东输管网等生命线工程纳入地面沉降监测网络,统一监测标准,定期监测。建立了自1842年以来的长江河口及海域水下地形数据库,并形成了海岸带地质环境数据的长效维护更新机制。

§4.1 制度支撑

上海市人民政府颁布的《上海市地质资料管理办法》等相关管理办法,是我国第一个针对城市地质资料管理、汇交等业务的地方性行政条例,对其他城市的地质资料汇交、管理的业务具有良好的示范作用,是具有法律效力的城市地质资料管理条例,是实现地质资料集群化的重要抓手。办法的制定既要符合管理的合理性和便捷性,也要符合地质相关专业的专业性和科学性,因此,在管理办法制定期间各机关单位和专家要多次进行论证与讨论,力求做到科学有效。管理办法应该要求汇交单位在提供纸质地质资料的同时提交地质资料的电子文档,并且电子文档资料的格式和标准都要有相应的严格要求,这也是为地质资料的入库和进一步使用做好准备。制定的管理办法等一系列的制度政策应该得到强有力的贯彻和实施,从制度和机制上保证工程勘察等地质资料的正常汇交和统一管理。

必要时,需要结合审批制度改革,将工程地质勘查、水源地勘查、土壤环境、地质灾害监测物联网等资料的汇交作为建设项目验收环节之一,纳入政府管理主流程。例如,要求城建部门的钻孔数据、环保部门的环评结果等资料提交于相关工程施工过程中,增加地质资料汇交的告知和催交环节,在提交相应的地质材料后才能获得相应的批准。这样就保证了地质资料的汇交与收集工作,做到地质资料的有效集群化,从而促进地质数据库的持续更新与发展。

城市整体的发展建设需要政府建立起地质信息集群与规划、自然资源管理融合的长效工作机制,确保各类地质资料汇交的制度化、规范化、常态化,依据相关标准和流程,补充地质调查、地质资料图文数字化、地质数据库建设、数据质量检查和成果入库等工作资料;还需要政府各部门的通力协作,实时沟通并共享资源;更需要调动社会各界的积极性,充分发挥政府部门的能动性,在制度和技术的双重保障下,促进地质产品对政府管理过程的辅助作用。

§4.2　平台支撑

基于大数据云存储、物联网等技术,三维可视化技术等,研发地质资料汇交平台、GIS 数据综合管理平台、地质数据业务平台等,实现从地质数据标准化汇交、统一化管理,到后期的定制化服务等业务的全流程,为不同政府业务提供多成果、多形式的城市地质类地质数据与成果材料,为城市规划、建设、管理等业务工作提供个性化的地质信息服务。

§4.3　服务多元化

基于三维 GIS 平台、电子政务外网云平台、物联网的开发,实现城市地质数据向城市发展价值转化的三维数字化工作环境,可为政府决策、社会公众及专业应用分析提供地质信息可视化工具及应用服务平台。地质信息管理与服务系统的服务对象主要包括以下三大类。

(1)政府管理决策。依托电子政务云平台,根据政府管理决策需要,通过专业人员分析研究,利用城市三维地质信息平台提供可视化的地质成果,为政府地下水资源管理、地质环境保护、土地资源和城市规划建设管理决策提供技术支持。

(2)社会公众。将城市地质信息网现有主要地质数据资源与位置信息系统融合在一起,作为窗口向社会公众提供基于位置的地质信息服务,从而为社会公众提供可以高效、直观地掌握和使用信息的有力工具。

(3)专业应用研究。城市三维地质信息平台集地表和地下空间信息于一体,为城市地质及相关人员提供分析研究辅助工具,提供地表特征、地质结构、地下构筑物、土壤成分、地面沉降等多项专题数据的查询、统计和专业分析功能。

4.3.1　地质资料汇交信息化管理

为更好地建立建设工程地质资料汇交的常态化工作机制,进一步完善地质资料汇交流程及管理制度,可通过发放告知单等宣传文件做好汇交办法及要求的解释工作。同时,依托信息化手段加强地质资料的汇交与监管工作,通过已建立的地质资料监管平台,做到汇交工作不遗漏、不拖延。利用地质资料管理信息系统中的汇交功能,协助汇交人一次性生成规范化汇交文档,按时保质地完成资料汇交。在共享平台中建立地质资料网上汇交办理平台,实现地质资料网上电子资料汇交服务,为汇交人提供便利,进一步提高办事效率。

4.3.2　地质资料"数字图书馆"建立

依照地质资料管理办法,建立规范化借阅流程,对外依托地质资料共享平台,对内通过电子阅览室,全面实现网上借阅功能,搭建地质资料"数字图书馆",提高资料社会化服务能力。

4.3.3　地质资料用户群扩展

以共享平台作为地质信息服务宣传窗口,一方面,加强与岩土工程勘察成果汇交人为代表的大型用户群的业务联系,通过印发宣传手册、用户满意度调查问卷等形式,积极引导平台用户在获取共享资源的同时,支持和配合岩土工程勘察资料的汇交工作,更好地促进地质资料的共享应用;另一方面,面向城市规划、建设、水务、市政等政府管理部门,以及行业内外的企事业单位、科研院校、社会公众等众多领域,开展平台推广工作,向用户推送地质基础数据产品、定制信息产品、地质信息咨询服务等不同层次的服务内容,加强用户跟踪研究和服务案例总结,并根据用户反馈意见不断拓展优化平台功能。

第5章　面向政府管理的地质产品服务体系

2017年7月,原国土资源部和原国家测绘地理信息局印发通知,大力推进国土空间基础信息平台建设,目的就是为政府部门开展国土空间相关的规划、审批、监管与分析决策提供基础服务,提升国土空间治理能力现代化水平。对于城市地质工作来讲,必须注重数据平台建设,推动智慧国土、智慧城市建设。

(1)构建一个平台。将城市地质相关数据纳入国土空间基础信息平台,推进地下空间资源信息与基础地理、遥感、土地、地质矿产、地质环境、不动产、规划管理等信息资源整合和共享,夯实土地的"底盘"作用。

(2)利用好社会大数据。创新信息资料汇交共享和动态更新机制,开展地质资料专题服务和定制服务,推进地质资料的统一汇交管理。健全完善地下感知体系和信息共享机制,按照"谁利用谁监测、开发监测同步"的原则,落实地下空间开发主体监测义务,加强对温度、应力、变形等地下资源环境状态和设施安全的监测,把市场主体的积极性调动起来,推动城市地质数据实时动态更新。

(3)运用科学的算法。只有地质调查数据平台的建设和动态更新是远远不够的,还需要运用合理的算法,科学加工处理数据,为城市建设提供科学合理的地质产品服务和解决方案,推动城市绿色发展。

要适应快速变革的城市发展方式及城市居民的生产方式与生活方式,大力推广"互联网＋地质"模式,以需求为导向,通过供给引导创新城市地质产品服务体系,如地质资料数据服务平台、三维可视化综合地质信息服务与决策平台和地质信息服务平台、城市资源环境监测预警平台等(图5-1)。

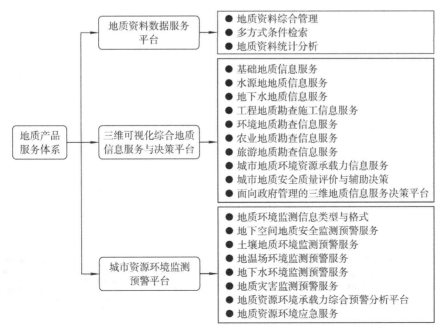

图 5-1　地质产品服务体系

§5.1　地质产品服务流程

通过钻探、地球物理、地球化学等技术手段获得地质调查数据,持续更新地质监测数据,结合政府各部门已有的各委办局的成果数据和社会公共数据,经标准化处理后统一导入地质产品数据中心进行管理与分析应用;各政府部门根据地质产品数据中心的共享数据进行相关系统平台的搭建,再按照城市需要提供相关的服务内容,为城市智慧发展、绿色可持续发展提供助力(图 5-2)。

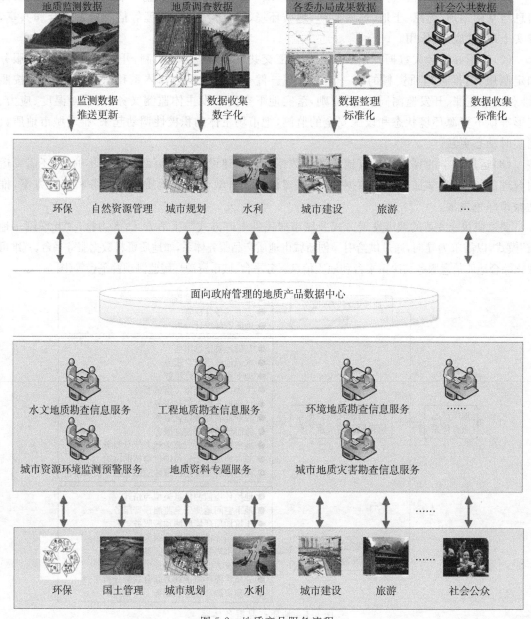

图 5-2　地质产品服务流程

§5.2　地质资料数据服务平台

基于知识组织的地质资料数据服务平台是以进行地质资料成果数据为主的地质信息电子化服务平台。基于知识组织的地质资料数据服务平台对这些地质资料进行入库管理,可对数据进行查询、统计分析,为数据管理人员提供便捷的管理应用,并在未来为有需要的社会公众用户提供成果数据信息服务。

工作人员的主要工作内容包括地质资料文件上传、检索、服务、统计,基本原则是确保地质资料与数据的及时性、系统性、规范性和安全性。

基于知识组织的地质资料数据服务平台在业务上主要分为如下几个方面。

(1)基于文件的组织及管理:主要是文件上传,文件元数据定义,文件元数据录入、文件属性更新、文件下载及在线浏览等管理的基础功能。

(2)基于属性、章节及全文的检索:面向专业人员的针对地质资料的分析利用,包括档案著录信息检索、文件元数据检索、章节检索、全文检索等业务功能。

(3)数据服务:对系统中管理的地质资料,以某种知识的形式提供对外服务。

(4)基于知识服务的地质资料检索系统总体框架:基于知识服务是地质资料未来管理和服务发展的方向,基于知识组织的地质资料管理与服务框架如图 5-3 所示。

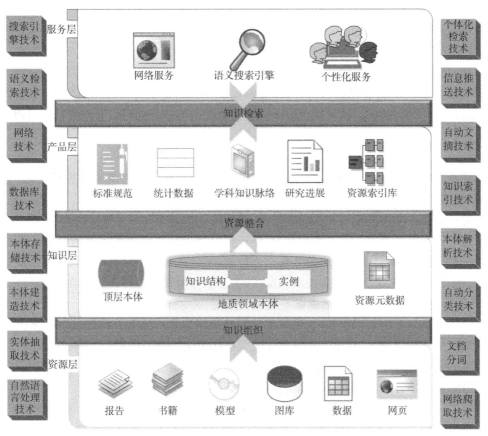

图 5-3　基于知识组织的地质资料管理与服务框架

地质领域知识服务的原始资源来自于已有的工作成果,如书籍、研究报告、各类原始数据和统计数据、地质图库、模型(如地质模型、油藏模型)及网页上的资源。原始的资料没有形成知识结构,松散地存放于各处。例如,对于同一个问题 A,不同的资料从不同方面或不同层次进行了研究,需要查找 A 时,用户需要翻阅所有以上资料,自己归纳总结研究过程和研究结果。这也是一个去伪存真的过程,需要用户自己判断资料的可信度。知识服务的目标是实现针对用户提出问题,给出解决答案和资料综述。

从上述分析中可以看出,基于知识组织的地质资料数据服务平台是个系统工程,要从基于地质叙词的知识表达层、资源整合、语言检索、个性化知识服务及知识聚会等方面进行研究。

(1)必须要突出"地质资料文件的组织及文件元数据"这条主线。地质资料的管理与利用,实际上就是利用地质资料所包含的知识,指导下一步地质工作的开展。一个人来查阅地质资料,是想从资料中获取到有帮助的知识或者经验,而这些东西恰恰包含在具体的某一个文件当中。传统的管理方式检索到档这一级就无法深入,因为它的元数据也是基于档这一级的元数据。如果对地质资料的管理以文件作为最小的管理单元,那么将能更好地挖掘这些资料里面的价值。

(2)要基于章节的组织。每一份资料是一个单独的个体,但是不同的个体之间是由一个业务的逻辑线把它们彼此联系起来。一套资料内部的多个地质资料文件是有关系的,同样的,不同套资料之间也是有联系的。孤立地利用单个资料产生不了多大的意义。用户在使用资料时,也希望能找到某个资料里面类似的章节,或者说跟这个有关系的章节,而不会是单独找某一个资料。那么如果能把地质资料打碎,按照章节的形式进行组织,那么就可以按照用户喜欢的方式把他们需要的不同章节合并且重新组织出来。

(3)要基于全文检索的数据组织。以前的地质资料利用仅限于在著录信息这一块,没有深入到资料的内部。而如果在管理的时候,能够提取到资料的全文内容,并且同时对它建立索引,那么在后面应用的时候,就可以检索到相应的全文内容。这样可以增加资料的利用程度。

5.2.1　地质资料综合管理

地质资料综合管理主要面向管理员,管理员利用该功能对所有的资料进行管理,包括档段、档号的维护,文件信息的维护,文件的上传、在线查看及下载等。

针对已经存在的大量资料文件,通过文件管理来上传单个文件工作量巨大,地质资料数据服务平台开发了批量上传工具。其功能为:先选择批量上传的文件服务器的信息和数据库信息,然后选择已经整理好(按档段)的文件。上传前,平台系统支持对选择的目标文件夹进行自动检查。上传过程中,平台系统支持断点续传,文件服务器支持分布式服务器。

1. 基于地质叙词的知识表达建设

要实现地质领域的知识服务,首先要建立领域知识架构。地质叙词即地质本体提供了地质领域知识的结构化描述,给出了领域概念的结构化定义、属性,以及概念间的层级关系、平行相关关系的结构化描述。通过计算机可视化,地质本体提供给用户清晰的领域知识脉络,提高专业人员的研究学习效率,也能让初学者快速了解学科概况。

地质本体可以使地质领域资源的组织,从粗粒度、树状的学科分类组织,演化到细粒度、网状的知识组织模式,资源之间的关联关系更加明确。地质本体是计算机可读的地质学科体系,为基于语义的资源检索和知识发现提供支持。

2．整合资源和地质资料产品管理

知识服务需要有丰富多样的产品作为支撑。基于地质本体的学科知识脉络,提供学科概念的定义、属性和相关概念,提供各研究方向的主要问题概述,是供快速浏览学科知识的初级产品。由地质本体纵向扩展,整合相关数据,形成数据产品,包括一般性地质数据产品、统计数据产品等。根据已建好的资源关联关系,通过数据挖掘技术,可以形成热点问题的研究进展报告。将地质领域资源按照知识网络组织,可以形成更加合理有效的资源索引产品,为用户提供高质量的资源检索服务。该服务一方面提高用户检索资源的命中率,找到用户真正需要的资源;另一方面为用户提供可能与检索需求相关的参考概念,以及相应的资源。

3．个性化知识服务及知识聚合

个性化服务是在领域知识基础上,对用户信息需求、兴趣爱好和访问历史的收集、分析,建立用户模型并对知识结构和资源进行过滤和排序,引导用户的浏览过程和信息检索,或者利用推荐算法向用户主动推荐信息。

基于知识组织的地质资料数据服务平台业务模块分为应用模块和系统管理两部分。应用模块中的功能是系统的核心功能,主要包括成果的上传、下载,以及各种检索等。系统管理模块则是各个管理系统中都会有的用户管理、权限管理等功能。

另外由于全文搜索需要索引,因此,建立索引的功能设计成了自动化的基于 Windows 操作系统的服务。

5.2.2　文件级元数据管理

元数据管理主要是对文件元数据进行组织和管理,包括元数据库管理及元数据维护。元数据库管理可以增加扩展不同的文件元数据,定义元数据的类型。元数据维护主要是提供相应的导入功能,可以批量录入元数据信息。

文件级元数据库的字段允许用户根据需要进行动态增加和修改,但是内置的题名、作者、关键字、文件名、文件大小、存储路径、文件类型、档号等元数据字段,不允许编辑和删除。

元数据批量入库功能可以把预先准备好或者采集的元数据批量导入系统中,支持 Excel 表格导入,也可以导出文件元数据字段作为 Excel 元数据模块来使用。

5.2.3　检索方式

1．文件检索

文件检索提供各种不同的方式对文件元数据进行条件检索,并且对检索出来的结果进行相关操作,主要包括基本检索、高级检索及模糊检索。

1）基本检索

基本检索根据案卷的字段查询条件来定位文件。具体操作为:通过输入案卷区域的查询条件,查询结果显示到案卷信息显示区域,并可以显示全卷级信息和显示文件级元数据信息;然后就加载对应的档号下的文件到文件信息显示区域中,并且在文件级元数据信息中还可以支持二次检索功能。在显示结果中,实现文件在线浏览、下载和查看详情等操作。该功能需要用户注册并具有相应权限。

2）高级检索

高级检索实现了通过文件元数据条件的自由组合进行检索,可以对文件进行在线浏览、下载和文件信息的详情查看等操作。该功能主要针对较为复杂的查询条件,需要用户配置查询条件。具体操作为:在配置界面中,编辑列表中的关系、括号、字段名、运算符、内容等字段可以进行自由组合。查询结果以列表显示,主要显示文件级元数据信息,包括题目、编制者、文件名称等信息。

3)模糊检索

模糊检索实现了框检索,即用户在输入框中输入条件,系统自动进行文件级元数据信息检索。主要检索的文件元信息有题名、作者、关键字、文件名、文件大小、档号、文件类别等字段。检索的方式为模糊匹配。该功能可以对被检索的文件进行在线浏览、下载等。

2. 空间检索

空间检索提供了行政区、整装勘查区、分幅、矩形区域、圆形区域、多边形区域、线状及缓冲区、输入拐点坐标等检索方式。

3. 内容检索

内容检索分为章节检索和全文检索两种方式。章节检索即用户输入地质报告(正文)章节的关键词,检索的结果按照文件进行列表显示并可以在线阅读,而命中的关键词则以高亮进行显示。全文检索基于索引引擎内核而实现,其操作非常简单,只需输入搜索关键字,即可对系统中 PDF 格式的文件内容进行全文搜索。

4. 基于语义的信息检索

学科知识服务的主要途径是用户主动检索。这种检索可以在机构内网,也可以通过互联网实现。知识检索的对象可以是结构化的领域本体,可以是基于知识网络索引的一般资源,也可以是经重组后的其他知识产品。

知识检索的层次由低向高依次是:基于自然语言查询的传统检索,增加语义分析、语义推理的传统检索,基于语义网(即基于有向图)的检索,高级知识检索,反馈与检索有关的结构化的知识和事实。

1)基于自然语言查询的检索

传统的信息检索是基于关键字的检索,即要求用户输入的检索条件是一个或多个分隔开的词语,搜索引擎将该词语集合与资源库中的文本对比,找到包含词语集的文档,反馈给用户。而对于基于自然语言查询的检索,用户的输入可以是一句话,如"什么是储层";通过自然语言分析,进入搜索引擎的查询词集合为"〈什么,储层〉",搜索引擎的工作模式仍旧是通过简单的词语集合匹配查找资源。

2)增加语义扩展的检索

增加语义扩展的检索,即用户输入的检索词利用本体扩展了上、下层概念和相关概念等,得到比原始检索词集更全面的新的集合;搜索引擎在资源中匹配新的词集,按一定的权重计算,以得分高低反馈资源。

3)基于语义网的检索

对于基于语义网的检索,待检索的资源不再是传统的资源集合,而是结构化的有语义标注的网络,传统的检索算法也不再适用。基于语义网的检索从本质上说,是基于有向图的检索。

4)高级知识检索

高级知识检索对于用户的检索条件进行语义分析,在知识结构中查找反馈给用户所需的概念定义或者事实。例如,查询"塔里木地区主要的油气层",检索系统给出的结果是塔里木地区油气层的实例,以及每个油气层的基本性质、评价结果、相关研究和勘探工作、开发现状等。与传统检索不同的是,高级知识检索呈现给用户的是组织好的产品成品,而不是相关的资源列表。

5.2.4　领域本体管理

领域本体管理是对常用的检索词和检索词的近义词的维护。功能区顶部是搜索区域,可以按照不同的条件进行搜索。下方是检索词显示列表,上面有相应的功能按钮。选中某一个检索词,底部的列表就会显示这个检索词的同义词。可点击列表上的功能按钮进行维护。

检索词的近义词,在进行章节搜索的时候会应用。也就是搜索某一个检索词,在匹配的时候,如果匹配到了这个检索词的同义词,那么也算匹配成功。

5.2.5　知识表达

知识表达通过实现知识按照知识图谱方式表达、多个地质资料自动摘录、地质资料自动摘要,提供知识服务。

5.2.6　地质资料统计分析

统计分析主要是对地质资料数据服务平台的一些数据进行统计。目前平台系统提供地质资料利用率和库存文件情况统计功能,通过相应的数学方法进行专业的分析工作,从大量地质数据中总结和计算出一定的规律,再通过验证这些规律性的地质特点来进行相应的城市规划与建设服务。

基础数据的统计分析工作是目前地质工作的重要内容。地质数据中心只有充分地收纳相应的地质资料信息才能更全面科学地为城市建设服务。

§5.3　三维可视化综合地质信息服务与决策平台

三维可视化综合地质信息服务与决策平台是基于城市地质数据中心的大量数据,按照相关标准和计算方法进行专业分析的应用平台。该平台连接政府的电子政务网后,既能为相关政府部门在管理过程中提供需要的各种地质信息服务,又便捷了政府部门管理工作流程,提高了政府部门工作效率。资源共享与利用程度的提高,使得政府决策更加科学合理,在管理过程中能更好地促进城市发展,提高自身的工作能力(图 5-4)。自然资源等相关部门需要的基础地质信息服务、水利和城市建设等部门需要的水源地和地下水信息服务、城市建设等部门需要的工程地质勘查施工信息服务、环保等部门需要的环境地质勘查信息服务、农业和国土管理等部门需要的农业地质勘查信息服务、旅游等部门需要的旅游地质勘查信息服务、城市综合管理相关部门需要的三维综合地质信息服务和城市地质安全质量分析评价服务等各种地质信息服务,都可以在平台上实现并同步进行。

5.3.1　基础地质信息服务

面向政府部门的管理工作,各部门在城市建设和运营过程中对地质产品均有所需求。例如,对于自然资源管理、城市规划、城市建设和水利部门来说,小到一个钻孔的地质信息帮助修建一座房子,大到一片区域的地质勘查信息指导绿色矿山发展,这些地质成果是支撑城市建设的依据,更是城市安全的保障。基础地质信息的获取与应用是城市发展必不可少的环节,如今可利用的技术手段有很多,如地球物理、地球化学、遥感技术、钻探和三维可视化建模等。不同的技术手段获取的地质信息成果格式也是多样的:图件一般为 CAD、MapGIS、ArcGIS 等软件的数据存储格式;钻孔、表格多为 Excel、MapGIS、Oracle 等软件的数据存储格式;成果报告等多为 JPEG、DOC、PDF、MP4 等文件格式;三维地质模型多为3DGML、JPEG 等文件格式。

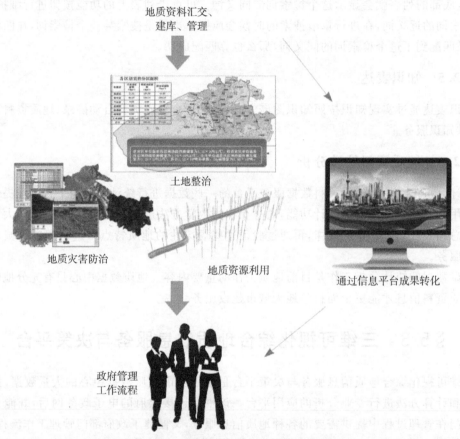

图 5-4　地质信息服务与决策辅助示意

自然资源管理、城市规划、城市建设及环保等部门都会根据自身的管理工作需要进行有针对性的基础地质信息采集,采集的数据多为原始成果,格式、标准的统一性不高,基于此形成拥有自身行业特色的地质信息数据库。然而每个地方部门的数据共享性、流通性不高,导致很多工作的重复,阻碍了政府对城市的开发和管理。

三维可视化综合地质信息服务与决策平台的建立能很好地帮助政府部门解决基础地质信息的规范和共享问题。各部门将已有成果数据按照平台数据库规范导入城市综合地质数据库中,基于平台的便利,政府人员可直接在电子政务网上享受基础地质信息服务,并根据需求进行相应资料的审批、使用及权限的申请等工作,既提高了效率,增加了政府工作的透明度,也省去了很多政府开支(图 5-5)。基础地质信息类型见表 5-1。

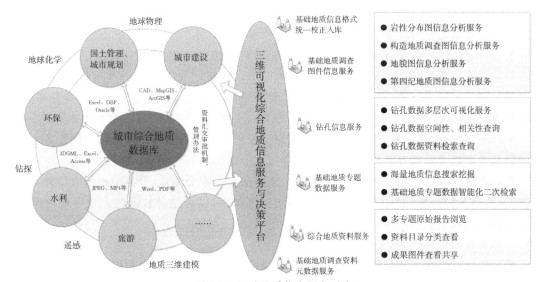

图 5-5　基础地质信息服务示意

表 5-1　基础地质信息类型

序号	地质信息类型	地质信息制作软件与格式
1	岩性分布图	CAD、MapGIS、ArcGIS 等
2	构造地质调查图	CAD、MapGIS、ArcGIS 等
3	地貌图	CAD、MapGIS、ArcGIS 等
4	第四纪地质图	CAD、MapGIS、ArcGIS 等
5	地层层序表	Excel、MapGIS 等
6	实测地质剖面图	CAD、MapGIS、ArcGIS 等
7	地理图、遥感影像图	JPEG、ArcGIS 等
8	古生物分布图	JPEG、DOC、PDF 等
9	钻孔地质信息图、表	Excel、Access、MapGIS、Word、Oracle 等
10	多专题原始报告	JPEG、DOC、PDF、MP4 等
11	三维基岩地质结构模型	3DGML、JPEG 等
12	调查点地质信息数据库	Excel、Access、Oracle 等

1. 基础地质调查图件信息服务

平台可针对指定区域的地质条件,制定与该地区密切相关的调查内容。

1)岩性分布图信息分析服务

平台在图上主要显示沉积岩、火山岩和变质岩的分布和规模,另外针对不同的岩性可提供不同的数据查询结果。对于沉积岩发育区,提供地层单位划分表,岩石地层单位填制地质图等资料的浏览和查询,为沉积环境分析提供依据;对于火山岩发育区,提供火山地层—岩性图、火山地层层序表、火山构造图等资料的浏览和查询;对于变质岩发育区,提供构造—地层图等资料的浏览和查询,查明变质岩岩石成分结构和构造及变质作用与变形构造的关系,尽可能划分变质相带。

2)构造地质调查图信息分析服务

平台提供构造地质调查图的显示和浏览,在图上可读出各类构造的基本要素,主要构造形态与样式;显示区内主要断裂的性质、产状、规模、分布及其相互关系;可综合地貌与第四系地质调查,对区内地壳稳定性做出初步评价。

3)地貌图信息分析服务

平台可显示区内各类地貌景观和地貌形态,进行地貌分区,以便研究地貌与成矿的关系。

4)第四系地质图信息分析服务

平台可显示区内沉积(或堆积)物的种类、物质成分与结构、厚度、接触关系及其分布范围。

2．钻孔信息服务

平台基于基岩、新生界、第四系的钻孔信息服务可实现政府管理中对各部门的服务支撑。

1)钻孔数据多层次可视化服务

平台将地调收集的钻井数据进行入库后,支持从数据库分专业、分类型地提取钻井基本信息数据;支持多种坐标信息的动态投影,在不同比例尺下,保证钻井数据的二维可视化服务高效、清晰,减少人工干预过程。

2)钻孔数据空间性、相关性查询

平台支持二维地图的拉框,导入坐标范围,设定缓冲区等多种空间角度的属性查询方式。

3)钻孔数据资料检索查询

平台可对每个地调钻孔的全过程数据资料进行分类管理和查询,以文档、图片、表格、扫描件等不同的格式,提供对应的展示方式,也提供对应检索查询条件。

3．基础地质专题数据服务

1)海量地质信息搜索挖掘

地质领域不断地产生海量数据,特别是海量的文本数据(如地质报告、地质专业设计文档等)。平台可浏览用户输入检索词,搜索引擎通过在地质报告等文档中匹配关键词进行文本数据挖掘分析,获取有用的地质报告列表,再根据检索的地质报告关联检索出相应的地质数据,如钻孔数据、项目数据、地质图数据及邻近区域地质数据。

2)基础地质专题数据智能化二次检索

平台提供资料相关信息的二级检索,根据用户所关心的资料,提供其他相关信息的智能链接,一级一级深入链接到用户感兴趣的地质资料。

4．综合地质资料服务

平台设计的搜索引擎,可按给定条件检索各专业成果资料、公开地质出版物等综合地质资料,返回相应检索结果目录,用户可浏览或下载资料目录或内容。地质资料目录检索可按专题、行政区、关键字等信息进行,检索类型又分为原始报告、资料目录、成果图件和元数据。

1)多专题原始报告浏览

平台分类列表各专题调查形成的专题图、文字报告、图片等多媒体资料的基本信息,点击某一资料基本信息可查看资料目录信息。

2)资料目录分类查看

平台可按照数据库中存储的资料目录清单进行查看。

3)成果图件查看共享

平台可查询成果图件对应的元数据,并对有权限的用户提供浏览和下载等功能。

5．基础地质调查资料元数据服务

平台提供基础地质调查资料元数据在线检索功能,方便不同用户了解地质资料数据中心已有数据库的数据信息,以达到进一步获取和使用所需信息的目的。

5.3.2　水源地地质勘查信息服务

水源地的开发和保护对于地方发展尤为重要，尤其在甘肃、山西、陕西及内蒙古等干旱情况较严重的省份。研究水资源的形成、时空分布、开发利用和保护，水旱灾害的形成、预测预报与防治，以及水利工程和其他工程建设的规划、设计、施工、管理中的水文水利计算技术就显得极其重要。

政府在水源地和应急水源地的选择过程中需要考虑的问题很多，如水源地的水质情况、水量、补给状况及与周围城市的配置关系等方面。而三维可视化综合地质信息服务与决策平台能够给水利和环保相关部门带来很多工作上的便捷。通过将环保、水利、气象部门收集到的年降水数据、水文地质钻孔数据及形成的水源地三维地质模型等成果添加到"一张图"中，进行综合管理、利用与分析，政府工作人员可在平台上根据已有成果和实时监测成果提取相应的成果服务报告，从而对决策的制定和日常管理工作起到一定的辅助作用（图 5-6）。水源地地质勘查信息类型与格式见表 5-2。

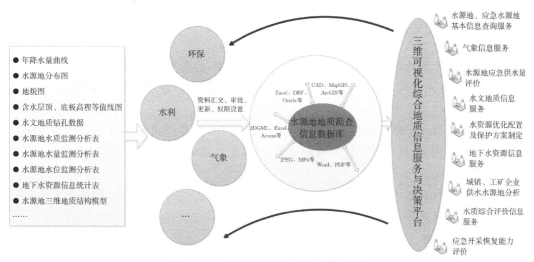

图 5-6　水源地地质勘查信息服务示意

表 5-2　水源地地质勘查信息类型与格式

序号	地质信息类型	地质信息制作软件与格式
1	年降水量曲线	CAD、MapGIS、ArcGIS 等
2	水源地分布图	CAD、MapGIS、ArcGIS 等
3	地貌图	CAD、MapGIS、ArcGIS 等
4	含水层顶、底板高程等值线图	CAD、MapGIS、ArcGIS 等
5	水文地质钻孔数据	Excel、Access、MapGIS、Word、PDF 等
6	水源地水质监测分析表	Excel、Access、Word 等
7	水源地水量监测分析表	Excel、Access、Word 等
8	水源地水位监测分析表	Excel、Access、Word 等
9	地下水资源信息统计表	Excel、Access、Word 等
10	水源地三维地质结构模型	3DGML、JPEG 等

1. 供水水源地勘查信息服务

城镇与工矿企业供水水源地管理系统综合运用 GIS 技术、遥感技术等先进信息技术，设计网络化、空间信息化、专业化的水源地勘查信息服务模块,实现以供水水源地为核心的水文地质、水质、水资源量、开采潜力、环境地质问题、水资源优化配置方案及水源地保护方案的管理和查询功能。通过地图直观展示水源地位置信息,可利用空间分析技术对水源地服务范围、最近水源地进行分析。该系统具有很高的可扩展性、可复用性和可维护性,极大地降低了系统的升级、维护费用。

1)水源地信息服务

平台提供的水源地数据展示可以指导城市规划建设、辅助城市应急指挥,主要包括河流属性信息、河流河段属性信息、水厂信息、水源地基本信息和观测孔、水源井等信息展示。

2)气象信息服务

平台可实现水源地气象背景资料的展示,能够生成多年降水量曲线;查询与水源地相关的气象数据,包括降雨量、蒸发量数据。

3)水文地质信息服务

平台可实现根据水文地质信息的查询与统计,主要包括水文地质分区(地下水系统)、含水层顶底板埋深、富水性(单井涌水量)、水化学类型。

4)地下水资源信息服务

平台提供对水源地地下水资源信息的管理编辑功能,包括补给量、消耗量、允许开采量、实际开采量、开采方式及开采单位等信息,进而实现根据地下水资源信息的查询与统计。

5)水质综合评价信息服务

平台可实现对水源地水质综合评价结果信息的管理、查看;能够通过查询进行各水源水质评价信息的查看浏览;以水质条件为查询对象,查询统计各级水质类型的分布、统计一览表。

6)环境地质问题信息服务

平台可实现针对各水源地环境地质问题信息的管理,提供超采、海水入侵等环境地质问题图表信息的编辑录入等功能。

7)水资源优化配置方案及水源地保护方案服务

平台可实现针对各水源地水资源优化配置方案的编辑管理、查询功能,能够通过水源地信息查询到最新的地下水资源优化配置方案;可实现水源地保护措施的管理功能,包括对涵养补源、沟谷拦蓄、回灌补源等措施方案进行编辑管理、查询统计。

2. 应急水源地勘查信息服务

1)应急水源地基本信息服务

平台提供应急备用水源地基本信息的展示与查询,可为保障生活、生产、生态用水安全和防洪安全服务,以水资源可持续利用支撑经济社会可持续发展。应急水源地基本信息包括水源地位置信息、水源地超采信息、水文地质信息、水源地类型、水源地资源情况等相关信息。平台根据应急水源地基本信息可实现对各信息的智能化检索、查询与统计,为保证用水提供支撑。

2)水文、气象信息服务

水文、气象数据包括水文、气象、天文、潮汐、空间天气等观测数据及加工处理后得到的产品数据。水文、气象数据可指导水源地选址与规划建设。平台提供的应急水源地勘查信息服务可实现水源地相关水文、气象数据的智慧查询与统计,为政府规划提供数据支撑。

3) 环境地质问题信息服务

环境地质问题信息包括地表水污染信息、地下水污染信息、城市建设用地信息及各类地质灾害(崩塌、滑坡、泥石流等)信息。平台提供的环境地质问题信息服务可为应急水源地的选址、规划、建设、后期运维提供数据支撑。

4) 城市应急水源地应急供水量评价

平台可在给定应急开采时限、水位控制深度及考虑环境地质问题的基础上,进行应急水源地可开采量概算,生成积算曲线和应急供水量表。

5) 应急开采恢复能力评价

平台可根据应急水源地开采动态信息,进行水源地应急开采恢复能力评价,从而分析水源地的回灌补源条件及恢复能力。

5.3.3 地下水地质勘查信息服务

地下水状况及开发利用是沿海城市尤为关注的一个方面。例如在上海因为地下水不合理开发所导致的地面沉降,为城市发展带来一系列的困难,而为了减少地面沉降的影响,上海市花费了大量的资金和精力进行弥补。不同地域的地质基础不同,其地下水的附存和补充机制不同。例如,沿海平原地势较低,多为沉积岩为主,并且雨水充沛,因此,地下水补充水源较充足。

政府部门比较关注的是地下水的基础信息、开发利用情况和污染情况,这需要多个部门的共同协作才能对地下水信息进行合理的评价。需要的数据有水利部门的水文地质钻孔、含水层等值线图,以及环保部门的地下水质、水位监测表等。在政府规划和建设过程中需要明确责任,制定相应的资料汇交和更新制度,将各部门的数据按标准整理入库,这样各水利相关业务就可通过电子政务云在三维可视化综合地质信息服务与决策平台上开展相关地下水信息服务(图 5-7)。地下水地质勘查信息类型与格式见表 5-3。

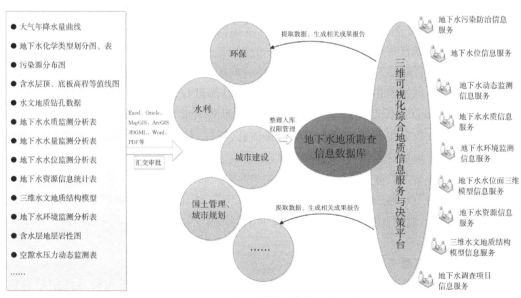

图 5-7 地下水地质勘查信息服务示意

表 5-3　地下水地质勘查信息类型与格式

序号	地质信息类型	地质信息制作软件与格式
1	大气年降水量曲线	CAD、MapGIS、ArcGIS 等
2	地下水化学类型划分图、表	Excel、Word、JPEG 等
3	污染源分布图	CAD、MapGIS、ArcGIS 等
4	含水层顶、底板高程等值线图	CAD、MapGIS、ArcGIS 等
5	水文地质钻孔数据	Excel、Access、MapGIS、Word、PDF 等
6	地下水水质监测分析表	Excel、Access 等
7	地下水水量监测分析表	Excel、Access 等
8	地下水水位监测分析表	Excel、Access 等
9	地下水资源信息统计表	Excel、Access 等
10	三维水文地质结构模型	3DGML、JPEG 等
11	地下水环境监测分析表	Excel、Access 等
12	含水层地层岩性图	CAD、MapGIS 等
13	空隙水压力动态监测表	Excel、Access 等

1. 地下水污染防治信息服务

平台的地下水污染防治管理系统以 GIS 技术、遥感技术和多媒体技术为技术手段，在 GIS 服务上针对地下水污染，查询相关参数指标数据，统计生成相关报表信息，为污染防治方案提供数据支撑，实现对地下水环境质量、污染防治工程和监测数据资料的统一管理，并在这些资料的基础上进行统计分析，可视化显示空间范围、时间范围与评价指标等因子。

1）地下水环境质量信息服务

地下水环境质量信息数据展示为保护和合理开发地下水资源、防止和控制地下水污染、保障人民身体健康、促进经济建设提供数据基础。地下水环境质量信息数据包括地下水水质特征、地下水用途、地下水质量分类等地下水环境相关信息。平台提供的地下水环境质量信息服务可实现按行政区界、用水职能、城市规划建设等对地下水水质特征、用途、质量分类信息进行查看，并可统计水质中各化学元素的报表及相关等值线和分区图件。

2）污染防治工程信息服务

水污染防治工程是防治、减轻直至消除水环境的污染，改善和保持水环境质量，合理利用水资源所采取的工程技术措施。通过对污染防治工程信息数据的展示，可实现以水环境污染物进行浓度控制和总量控制的综合规划，最终实现辅助城市规划、建设、可持续发展的目的。污染防治工程信息数据包括污染防治工程位置信息、规模、处理工艺等。平台提供的污染防治工程信息服务可实现对这些属性信息的查看。

3）地下水监测信息服务

平台提供的地下水监测数据发布展示功能可以使广大工程技术人员科学高效地分析地下水环境现状与未来，监测和监督地下水的过量开采与污染，为科学合理开发利用保护地下水资源提供指导。

4）防污性能信息服务

地下水防污性能信息是指导环境规划、辅助决策的有力工具。地下水防污性能信息包括地下水的天然防污性能与特殊防污性能。平台提供的地下水防污性能信息服务可实现对各地区不同用水职能地下水防污性能的查看。

5) 地下水污染风险评价信息服务

地下水污染风险评价信息展示有利于了解土壤环境和地下水污染之间的关系,识别出地下水污染的高风险区,为土地利用规划及地下水资源管理提供一个强有力的工具,从而帮助决策者和管理者制定有效的地下水保护管理战略和措施。地下水污染风险评价信息包括各类地下水污染风险评价成果。平台通过对评价成果的展示可实现对各区地下水污染程度的查询统计分析,查询结果支持二次成图功能。

6) 水质变化分析信息服务

平台可实现对地下水水质数据的处理,对历史数据提供单点单指标历年同期对比分析、单点单指标历时变化趋势分析、单层单指标浓度变幅分析及水质对比分析等功能,通过对水质变化信息的查询分析辅助水环境保护。

7) 污染源分布图服务

平台可通过污染源信息交互制作污染源分布图,并能通过分布图进行污染源信息查询;可实现对污染源信息各元素的报表输出与变化曲线生成,为指导城市建设规划,保护城市环境提供指导。

8) 污染防治工程分布图服务

平台可根据污染防治工程信息制作污染防治工程分布图,并能通过分布图进行污染防治工程信息查询。

2. 地下水位信息服务

平台可基于地下水位监测点进行地下水位信息、降落漏斗、水位埋深情况查询,能够查询多年地下水位变化信息。提供"百度式"查询界面,支持属性信息与空间信息的交互查询,提供数据模糊查询和高级查询功能。查询结果会以列表的形式在左侧栏显示,其中关键字内容会高亮突出标明,显示地下水水位信息查询结果,以及详细信息的查看、下载等信息。对于地下水水位成果图件信息,可实现按树形结构组成的图层管理。通过打开图层可以查看相应的图形和属性信息,同时实现空间信息与属性信息的双向定位和透明显示。

3. 地下水水质信息服务

平台可基于地下水质监测点进行地下水质信息、超标范围情况查询,能够了解水质变化趋势、区域内地下水质量分布情况。

4. 三维水文地质结构模型信息服务

平台可实现对三维水文地质结构模型信息的发布,支持用户对模型的相关操作。支持对三维水文地质结构模型信息包括含水层信息、隔水层信息等的查询(图 5-8)。

5. 地下水调查项目信息服务

平台提供关于地下水调查项目的相关信息,用户可以通过定位实现对指定坐标点一定范围内地下水调查项目的查询,获取地下水调查项目的元数据信息。基于地下水调查项目分布信息,可查询地下水调查相关项目信息,包括项目周期、项目工作内容、范围及项目成果介绍。

6. 地下水动态监测信息服务

平台可实现对地下水动态监测信息的定位查询等功能。相关人员通过定位地下水监测点实现监测点水位、水量、水温等信息的实时查询、综合查询与对比分析,并根据监测获取的信息实时生成各种统计图件,如柱状图、饼状图等,最终辅助有关政府职能部门快速便捷地获取地下水动态监测相关信息。

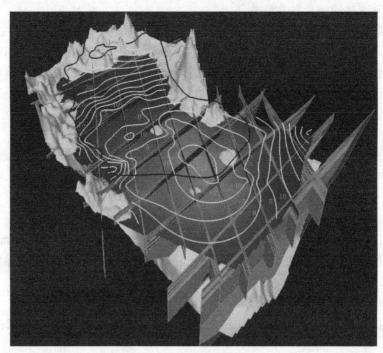

图 5-8　水文地质结构模型示意

7. 地下水环境监测信息服务

平台可实现对地下水环境监测信息的查询统计与发布功能。政府部门可以通过发布的地下水环境监测信息,洞悉某一行政区任一监测点的水质情况、水质变化趋势、地下水主要污染情况、地下水类型等相关属性信息,并能通过信息的分析实现对水质监测信息的统计,报表及相关历时变化曲线的生成,进而为政府部门合理高效地开发利用水资源、开展水资源科学管控提供水质数据基础。

8. 地下水资源信息服务

平台提供的地下水资源信息的服务,主要是实现对水资源量包括地下水源地分布、地下水补给资源量、排泄量、可开采资源量等水资源信息的发布服务。该平台提供多种查询手段方便政府部门便捷地获取城市地下水资源可开采信息,进行地下水均衡分析、地下水资源变化趋势分析,实现在分析统计查询的基础上对成果图件的输出、打印与下载,进而为指挥城市地下水的可持续开发利用提供数据支撑,规避由于地下水过度开发导致的次生地质灾害。

5.3.4　工程地质勘查施工信息服务

城市建设过程中需要用到工程地质勘查相关信息服务,通过钻探、地球物理等技术手段获得相关地块地质信息,在此基础上实施相关有针对性的建设安全措施。工程地质勘查施工主要涉及环保、国土管理、城市规划和城市建设等政府职能部门。

三维可视化综合地质信息服务与决策平台利用 GIS、三维可视化等技术,面向政府职能部门提供对工程地质勘查施工信息的发布服务,包括工程地质基础信息服务,天然地基、桩基承载力计算成果服务,天然地基、桩基沉降量计算成果服务,桩基适宜性评价成果服务,砂土液化判别成果服务,地下水腐蚀性评价成果服务,地下空间利用评价成果服务,工程地质三维模型等服务（图 5-9）。通过上述信息的发布服务，为政府部门指挥城市工程建设，从宏观上统筹城市发展提供科学有力的数据支撑。工程地质勘查施工信息类型与格式见表 5-4。

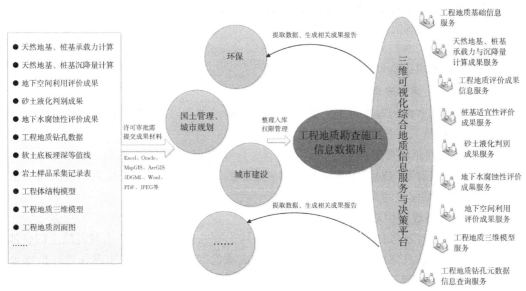

图 5-9　工程地质勘查施工信息服务示意

表 5-4　工程地质勘查施工信息类型与格式

序号	地质信息类型	地质信息制作软件与格式
1	天然地基、桩基承载力计算	Excel、Word 等
2	天然地基、桩基沉降量计算	Excel、Word、JPEG 等
3	地下空间利用评价成果	CAD、Excel、Word、JPEG 等
4	砂土液化判别成果	Excel、Word、JPEG 等
5	地下水腐蚀性评价成果	Excel、Word、JPEG 等
6	工程地质钻孔数据	Excel、Access、MapGIS、Word、PDF 等
7	软土底板埋深等值线	CAD、MapGIS 等
8	岩土样品采集记录表	Excel、Access 等
9	工程体结构模型	3DGML、JPEG 等
10	工程地质三维模型	3DGML、JPEG 等
11	工程地质剖面图	CAD、MapGIS 等

1. 工程地质基础信息服务

工程地质基础信息包括工程地质钻孔基本信息、取样信息、试验信息，勘查点基本信息及岩土样品采集信息。在基于省级电子政务公共服务云的地矿业务应用系统中，对工程地质基础信息的元数据信息进行发布，有利于对范围内工程勘查施工信息的整合汇总，为政务相关职能部门进行工程施工提供数据服务，有利于避免同区域相同类型的工程勘查施工。三维可视化综合地质信息服务与决策平台实现了对工程地质钻孔、勘查点信息的投点，以及对工程地质点位信息与属性信息的挂接。用户可以对任意区域工程地质基础信息进行查询、筛选、定位、统计、报表生成等。

2. 天然地基、桩基承载力计算成果服务

随着经济的发展，对基本建设的需求量日益增加。平台可实现政府职能部门对各项目天

然地基、桩基承载力评价成果的发布,包括发布天然地基、桩基承载力评价结果表与分区图;可通过选拾取任意位置点获得相应位置的承载力结果;可通过任意选取范围或行政区界,统计对所选范围承载力,对统计结果进行二次成图或报表生成。

3. 天然地基、桩基沉降量计算成果服务

平台可实现政府部门对天然地基、桩基沉降量成果数据的发布,并可通过选拾取任意位置点获得相应位置的沉降量结果。

4. 桩基适宜性评价成果服务

平台可实现政府部门对桩基适宜性评价成果数据的发布,以及桩基适宜性评价成果与其他专题图、工程地质三维模型的叠加查看。

5. 砂土液化判别成果服务

平台可实现政府部门对砂土液化判别成果数据的发布,以及砂土液化判别成果与其他专题图、工程地质三维模型的叠加查看。

6. 地下水腐蚀性评价成果服务

地下水腐蚀性评价包括地下水对钢筋和钢结构的腐蚀性评价及地下水对混凝土的腐蚀性评价。平台可实现政府部门对地下水腐蚀性评价成果的发布,以及地下水腐蚀性评价成果与其他专题图、工程地质三维模型的叠加查看。

7. 地下空间利用评价成果服务

地下空间利用对于解决城市发展中出现的建设用地紧张、交通拥堵、生态环境恶化等"城市综合征",以及提升城市总体发展质量具有重大意义。伴随着城市中心区的开发、旧城改造及地铁、隧道、共同沟等大型基础设施的建设,地下空间开发进入一个加速期。地下空间开发建设将成为城市建设的重要领域,正得到各级政府自上而下的普遍重视。当前,城市地下空间开发数量快速增长,体系不断完善,面对地下空间发展体系,各市地下空间开发利用体系有待继续优化。平台提供的工程地质勘查施工信息服务实现了对范围内开展的地下空间适宜性成果评价,有利于政府部门在宏观上规划地下空间的开发利用;实现了地下空间利用评价成果与其他专题图、工程地质三维模型的叠加查看。

8. 工程地质三维模型服务

平台提供的工程地质三维模型服务一方面用三维空间展现了工程地质体的空间分布,另一方面支持与其他专题评价成果叠加查看,实现了工程地质试验信息、取样信息与评价分析信息的挂接,为政府职能部门提供了三维空间的信息集成服务。

9. 工程地质钻孔元数据信息服务

平台发布的工程地质钻孔元数据信息包括钻孔类型、隶属项目、工作单位等。公众可以根据需求搜索查询任意工程地质钻孔元数据信息。

10. 工程地质钻孔投点定位服务

平台可实现对工程地质钻孔信息的投点定位功能。用户一方面可以通过实时定位的方式了解周边钻孔分布,另一方面可以通过鼠标选定任意点或通过输入坐标方式实现对钻孔信息的查询。

11. 工程地质评价成果信息服务

平台可实现对工程地质评价成果信息的发布。其发布的信息包括天然地基、桩基承载力,天然地基、桩基沉降量,桩基适宜性评价,地下水腐蚀性评价,地下空间利用评价成果数据。

12. 工程体结构模型信息服务

平台可实现对工程体结构模型信息的发布,支持对工程体结构模型信息包括工程建设单位、工程建设进度、安全等级等属性信息的查询(图 5-10)。

图 5-10　类建筑物模型示意

13. 工程地质调查项目信息查询服务

平台可提供关于工程地质调查项目的相关信息。用户可以通过定位实现对指定坐标点一定范围内工程地质调查项目的查询,获取工程地质调查项目的元数据信息;可基于工程地质调查项目分布信息,查询工程地质相关项目信息、项目周期、项目工作内容、范围及项目成果介绍。

14. 工程地质评价成果信息服务

平台可实现对工程地质评价成果,包括地基承载力、沉降量分布情况、砂土液化分析成果、地下工程施工地表变形预测分析成果、场地工程建设适宜性分析评价成果、地下空间开发利用分析评价成果数据的展示与综合查询,进而为相关政府部门进行城市建设规划提供基础。

5.3.5　农业地质勘查信息服务

"三农"(即农村、农业、农民)问题是关系我国改革开放和现代化建设全局、关系全面建成小康社会能否实现的重大问题。近年来,化肥、农药、废弃物等对我国农村的土壤及地下水的污染问题日益引起人们的关注,也给政府部门和地质工作者提出了重大的理论和实践难题。

农业作为基础产业,在全国的发展中具有重要地位。为了促进农业地质科学知识与优势农业的高效结合,建立农业地质勘查信息服务至关重要。三维可视化综合地质信息服务与决策平台可以实现农业地质环境项目的科学管理标准化、信息化,提升农业地质环境动态监测管理,帮助政府各部门实现信息共享和科学决策,为大农业生产布局和区划提供科学基础依据,有效发挥农业地质对于粮食增产的促进作用(图 5-11)。农业地质勘查信息类型与格式见表 5-5。

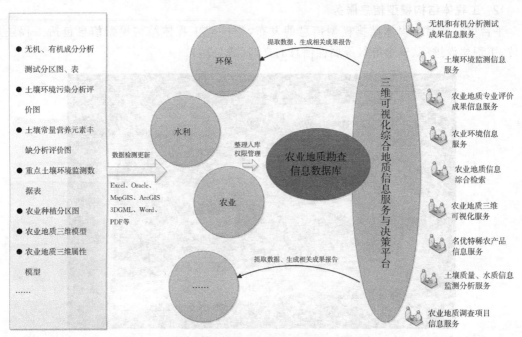

图 5-11　农业地质勘查信息服务示意

表 5-5　农业地质勘查信息类型与格式

序号	地质信息类型	地质信息制作软件与格式
1	无机、有机成分分析测试分区图、表	Excel、Word、JPEG 等
2	土壤环境污染分析评价图	Excel、Word、JPEG 等
3	土壤常量营养元素丰缺分析评价图	Excel、Word、JPEG 等
4	重点土壤环境监测数据表	Excel、Access 等
5	农业种植分区图	JPEG、MapGIS 等等
6	农业地质三维模型	3DGML、JPEG 等
7	农业地质三维属性模型	3DGML、JPEG 等

1. 无机和有机分析测试成果信息服务

平台实现了对表层土壤、深层土壤、沿海滩涂沉积物、近岸浅海沉积物和地表水、浅层地下水的无机和有机分析测试成果数据展示(分区图、成果表)与综合查询统计,并可生成报表,从而方便政府管控农业发展态势。

2. 农业环境信息服务

平台可实现对农产品安全数据、非点源污染数据及农业环境与农业发展研究数据的展示与综合查询及报表生成,为政府保证农产品质量安全提供指导,对合理规划农产品产业规划意义重大。

3. 土壤环境监测信息服务

平台可实现对区域整体土壤环境监测数据(普通监测值、背景值)、重点土壤环境监测数据(监测项目主要为土壤、地表水、地下水及农产品的相关情况)的展示与综合查询统计及报表生成,进而为政府部门实时、动态地了解土壤情况提供数据,为后期合理规划土壤利用提供数据支撑。

4. 农业地质专业评价成果信息服务

平台提供的农业地质专业评价成果信息服务包括:

(1)土壤地球化学评价成果数据展示。主要实现对土壤地球化学评价成果的展示查询及报表生成。

(2)硒的地球化学评价成果数据展示。主要是针对特色区域的硒进行地球化学评价成果的展示查询并生成报表。

(3)土壤质量评价成果数据展示。主要展示土壤常量营养元素(全量)丰缺分析成果、土壤环境污染分析评价成果、土壤肥力分级评价成果。

(4)水环境质量评价成果数据展示。主要展示地表水质量评价成果、地下水质量评价成果、灌溉水质量评价成果。

(5)农产品品质安全性评价成果数据展示。主要实现对超标农产品样品的统计成果展示。

(6)土地种植适宜性评价成果数据展示。主要实现对绿色食品产地环境质量评价成果、无公害食品——蔬菜产地环境质量的评价成果展示。

上述评价成果的展示为政府部门指导、规划农业发展提供了更有力、直观的数据支撑。

5. 农业地质信息综合检索

平台对农业地质信息提供以标准图幅、行政区、任意多边形等多种方式进行数据检索的功能,结果以专题图表的形式显示输出。其具有因子分析、聚类分析、回归分析、单变量异常分析、多变量叠加分析功能,以及常用的统计功能和任意检索统计功能。例如,针对土壤污染指标的最大值、最小值、平均值、超标物、超标率等进行统计分析。

6. 文档信息的服务

平台能够对包括立项、总体设计、分项设计、实施、成果应用等各阶段的文件、文档(报告)、照片、多媒体及相关参照标准和政策法规进行展示与快速检索查询;通过文档对照表进行文档代码翻译并能正确直观地显示文档数据;能提供按类(如政策法规、项目成果、指南标准)进行文档资料的显示与查询;在文档窗口还能利用模糊查询的方式进行查询,即通过输入所查文档名或文档内所含的关键字来实现查询。

7. 农业地质三维可视化服务

平台可实现对农业实验基地三维可视化(包括实验基地、实验设施三维可视化展示及模拟)、农业建筑物三维可视化、土壤结构(土壤空间分布、土壤组成成分)三维可视化、土壤元素(镉、汞、砷、铅、铬、锌、镍、铜)空间分布三维可视化。

8. 名优特稀农产品信息服务

平台提供的名优特稀农产品信息服务功能,可实现对名优特稀农产品的种植区分布、相关属性数据信息、种植经济效益数据信息、植物习性信息等发布数据的筛选、检索和定位查询。

9. 土壤质量服务

平台提供的土壤质量信息服务功能,可实现对土壤调查点分布图、土壤环境污染分析评价图、土壤常量营养元素丰缺分析评价图、土壤肥力分级评价信息等发布数据的筛选、检索和定位查询。基于调查点进行土壤元素分布信息、元素超标范围情况、土壤肥力情况查询,能够了解土壤质量情况、变化趋势,有利于指导研究区农业规划,保护农业生态环境。

10. 水质信息服务

平台提供的水质信息服务功能,可实现对水质调查点分布图、地下水水质评价图、地表水水质评价图、灌溉水水质评价图等发布数据的筛选、检索和定位查询。

11. 农业地质综合评价信息服务

平台提供的农业地质综合评价信息服务功能,可实现对农产品品质安全性评价成果、农业种植警示区评价成果、种植区农业环境安全预警评价成果等发布数据的筛选、检索和定位查询。基于上述发布成果可查询研究区农产品安全性、农业环境变化趋势等信息。

12. 农业地质调查项目信息服务

平台可实现农业地质调查相关项目信息的发布,包括项目背景、周期、工作内容、范围及成果介绍等信息。

5.3.6　环境地质勘查信息服务

我国正逐步加强环境保护的相关建设工作,尤其是西部地区地理条件较差,生态环境脆弱,对于环境地质勘查的投入较大。政府在环境建设过程中对于地球化学信息、地质灾害情况和土壤情况比较关注,并通过相应的技术手段不断进行相关检测和预警报告。例如,在工厂选址、垃圾填埋、土壤修复等方面,相关环保部门时刻关注地球化学信息的变化,并及时做出工作调整。但是以往工作流程繁琐,工作效率较低,成果反馈不及时等弊端也逐渐显现。

三维可视化综合地质信息服务与决策平台面向政务职能部门提供的环境地质勘查信息服务实现了对地球化学综合信息、地质灾害综合信息的发布服务。环境地质勘查信息服务的建设,有利于逐步改善环境地质信息共享问题,打破信息通道来源单一的局面,更有利于提高环境地质数据综合利用水平,提高环境地质数据多目标服务能力(图 5-12)。环境地质勘查信息类型与格式见表 5-6。

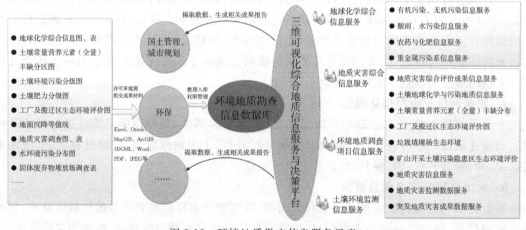

图 5-12　环境地质勘查信息服务示意

表 5-6　环境地质勘查信息类型与格式

序号	地质信息类型	地质信息制作软件与格式
1	地球化学综合信息图、表	Excel、Word 等
2	土壤常量营养元素(全量)丰缺分区图	Excel、Word、JPEG 等
3	土壤环境污染分级图	Excel、Word、JPEG 等
4	土壤肥力分级图	Excel、Word、JPEG 等
5	工厂及搬迁区生态环境评价图	Excel、Word、JPEG 等

续表

序号	地质信息类型	地质信息制作软件与格式
6	地面沉降等值线	MapGIS 等
7	地质灾害调查图、表	Excel、Word、MapGIS 等
8	水环境污染分布图	Excel、Word、MapGIS 等
9	固体废弃物堆放场调查表	Excel、Word 等

1. 地球化学综合信息服务

1）无机污染信息服务

采矿、冶炼、机械制造、建筑材料、化工等生产部门,每天都排放大量的无机污染物,包括有害元素的氧化物、酸、碱和盐类等。生活垃圾中的煤渣,也是无机污染物的重要组成成分。一些城市郊区长期直接施用无机肥造成了土壤环境质量下降。平台实现了对上述各种来源的无机污染物信息的展示与智慧检索,为政府职能部门开展无机污染物治理工作提供数据基础。

2）有机污染信息服务

有机污染物包括石油、多环芳烃、多氯联苯、二氯乙醛、甲烷等。平台通过提供有机污染物信息服务,助力政府有机污染治理。

3）酸雨信息服务

土壤中含有大量铝的氢氧化物,土壤酸化后,可加速土壤中含铝的原生和次生矿物风化而释放大量铝离子,形成植物可吸收的形态铝化合物。植物长期和过量地吸收铝会中毒,甚至死亡。酸雨能加速土壤矿物质营养元素的流失,改变土壤结构,导致土壤贫瘠化,影响植物正常发育;还能诱发植物病虫害,使作物减产。平台提供的酸雨信息发布和统计变化曲线、图表制作功能,可为土壤保护工作提供科学依据。

4）水污染信息服务

水污染信息包括地表水污染信息、地下水污染信息。平台实现了对各类水污染指标、水污染分区情况的展示与智能检索,对进行土壤规划意义重大。

5）农药与化肥信息服务

现代化农业大量施用农药和化肥。有机氯杀虫剂如滴滴涕(DDT)、六六六等能在土壤中长期残留,并在生物体内富集。氮、磷等化学肥料,凡未被植物吸收利用和未被根层土壤吸附固定的养分,都在根层以下积累,或转入地下水,成为潜在的环境污染物。土壤侵蚀是使土壤污染范围扩大的一个重要原因。凡是残留在土壤中的农药和氮、磷化合物,在发生地面径流或土壤风蚀时,就会向其他地方转移,扩大土壤污染范围。平台提供的农药与化肥信息服务,可实现政府部门在宏观上对农药化肥使用的管控。

6）重金属污染信息服务

汞、镉、铅、砷、铜、锌、镍、钴、钒等也会引起土壤污染。汞主要来自厂矿排放的含汞废水。积累在土壤中的汞有金属汞、无机汞盐、有机络合态或离子吸附态汞。土壤组成与汞化合物之间有很强的相互作用,因此,汞能在土壤中长期存在。镉、铅污染主要来自冶炼排放和汽车废气沉降。磷肥中有时也含有镉。公路两侧的土壤易受铅的污染。砷被大量用作杀虫剂、杀菌剂、杀鼠剂和除草剂,因而引起土壤的砷污染。硫化矿产的开采、选矿、冶炼也会引起砷对土壤的污染。平台提供针对上述重金属污染信息的发布服务,对数据支撑政府职能部门重金属污染治理、指导土地规划意义重大。

7）统计图表信息服务

平台实现了对业务数据统计图表的对比分析、计算，通过标注最大值、最小值、平均值、极大值、极小值等进行综合分析决策。

2. 地质灾害综合信息服务

1）地质灾害基础数据信息服务

平台提供的地质灾害基础数据信息服务实现了对地质灾害监测点、隐患点、地质灾害类型、诱发因素等大类数据的整合与发布，并支持报表和相关图件的生成。提供了对崩塌、滑坡、泥石流等多种地质灾害的形成、规模、类型、诱发机制、活动规律及发展趋势等属性数据的查询、检索及报表生成。

2）地质灾害综合评价成果信息服务

平台提供的地质灾害综合评价成果信息服务主要实现了对地质灾害调查治理管理系统中地质灾害专业分析评价成果的展示、查询、空间与属性信息的双向定位。展示的数据内容包括岩溶塌陷、崩塌、滑坡、泥石流、地面塌陷、海水入侵等危险性评价。同时，平台支持用户通过在生成的成果图件上任意圈画范围、选择行政区对所选范围进行区域统计，并支持统计结果以固定模版的形式输出成报告或者报表的格式。

3）土壤地球化学信息服务

平台可实现对土壤质信息的发布，提供对发布数据的筛选、检索、定位查询。

4）代表性土壤信息服务

平台可实现对代表性土壤信息即棕壤、褐土、褐砂姜黑土、潮土、盐土、滨海盐土、碱土、红黏土、风沙土、火山灰土、粗骨土、石质土、山地草甸土、水稻土、沉积土等的发布，通过便捷的查询方式可以对公众关心的土壤信息进行快速定位与获取。

5）土壤常量营养元素（全量）丰缺分区图服务

通过平台提供的土壤常量营养元素丰缺分区图发布服务，用户可以指定坐标点实现对附近土壤常量营养元素（全量）丰缺情况的查询。

6）土壤环境污染分级图服务

通过平台提供的土壤元素污染分级图发布服务，可实现空间信息与属性信息的双向定位和透明显示。

7）土壤肥力分级图服务

通过平台提供的土壤肥力分级图发布服务，可实现空间信息与属性信息的双向定位和透明显示。用户通过指定坐标点即可查询并直观展示土壤的肥力情况。

8）工厂及搬迁区生态环境评价图

平台采用环境空气质量标准、大气污染物综合排放标准、土壤环境质量标准、地表水环境质量标准、地下水质量标准进行大气、土壤与水环境质量的超标查询显示，查询获取的结果在地图上被圈定并进行高亮显示；支持空间信息与属性信息的双向交互查询。

9）垃圾填埋场生态环境

平台提供垃圾填埋场引起的生态环境超标查询、评价结果查询。关于垃圾填埋场生态环境成果图件信息支持空间信息与属性信息的双向定位和透明显示。

10）矿山开采土壤污染隐患区生态环境评价

平台采用环境空气质量标准、大气污染物综合排放标准、土壤环境质量标准、地表水环境质量标准、地下水质量标准进行大气、土壤与水环境质量的评价,可查询矿山开采引起的环境质量问题,查询获取的结果在地图上被圈定并进行高亮显示;支持空间信息与属性信息的双向交互查询。

11)元素富集致病隐患区生态环境评价

平台提供元素富集致病隐患区生态环境评价成果信息的发布服务,能够在图面上圈定出在查询范围内的属性值,并用特殊颜色标注。社会公众可以对任意元素输入区间值,实现对元素富集致病隐患区生态环境评价的智慧查询。可查询获取的数据还包括致病概率、可能出现的症状等相关属性信息。

12)地质灾害信息服务

平台基于云服务的地质灾害综合服务系统及时发布相关信息,为社会公众、企事业单位防灾减灾规划提供基础资料,为重大工程建设提供基本依据。通过平台的网络发布功能实现地质灾害信息的数据共享,有利于地质灾害的提前预报和预警,可有效降低地质灾害给人民群众带来的生命财产损失。

13)地质灾害监测数据服务

平台提供的地质灾害监测数据信息发布服务,可实现发布数据的筛选、检索、定位查询。发布的内容包括汛期专业巡查监测成果数据、群测群防监测数据、专业仪器监测成果数据、变形监测成果数据、地下水监测成果数据、降水量监测成果数据、土压力测量成果数据等。基于上述监测数据的发布,用户可对任意大类监测数据进行对比。

14)突发地质灾害成果数据服务

平台可实现突发地质灾害成果数据的发布功能,发布的内容包括采空塌陷地表变形成果数据、采空塌陷危险性成果数据、矿坑突水危险性成果数据、岩溶塌陷危险性成果数据、崩塌危险性成果数据、滑坡危险性成果数据、泥石流危险性成果数据、地裂缝危险性成果数据。基于上述突发地质灾害成果数据,用户可以通过定位或者输入坐标的方式实现对关心区域地质灾害情况的查看。

15)缓变地质灾害评价成果数据服务

平台可实现缓变地质灾害成果数据的发布功能,发布的内容包括土壤盐渍化、海(咸)水入侵危险性、地面沉降危险性。基于上述缓变地质灾害成果数据,用户可以通过定位或者输入坐标的方式实现对关心区域缓变地质灾害情况的查看。

3. 环境地质调查项目信息服务

平台可提供关于环境地质调查项目的相关信息。用户可以通过定位实现对指定坐标点一定范围内环境地质调查项目的查询,基于环境地质调查项目的分布信息,获取环境地质调查项目的元数据信息,如项目周期、项目工作内容、范围及项目成果介绍。

4. 土壤环境监测信息服务

土壤污染的优先监测应是对人群健康和维持生态平衡有重要影响的物质,如汞、镉、铅、砷、铜、铝、镍、锌、硒、铬、钒、锰、硫酸盐、硝酸盐、卤化物、碳酸盐等元素或无机污染物,石油、有机磷和有机氯农药、多环芳烃、多氯联苯、三氯乙醛及其他生物活性物质,由粪便、垃圾和生活污水引入的传染性细菌和病毒等。平台通过实现对城市土壤环境监测信息的发布,提供对土壤环境监测信息的查询统计与分析评价。政府部门可以进行空间信息与属性信息的双向交互查询,由点位空间信息定位土壤环境监测属性信息,或由属性信息定位监测点位空间信息,进而为政府部门从宏观上进行城市土壤规划与管理提供数据支撑。

5.3.7 旅游地质勘查信息服务

我国无论在资源条件、区位条件,还是在市场条件等方面都有着发展地质旅游业得天独厚的优势,但是面对"全新旅游时代"的到来,这些优势远未得到有效发挥。

我国在旅游资源特色化开发、管理体制、旅游产品结构、营销力度等方面都存在欠缺,从而制约了旅游地质产业的快速发展。第三产业的崛起成为各地方政府经济发展的一个支柱,如何科学地为政府相关部门提供行之有效的管理方式,为公众提供优质的旅游地质信息服务,成为政府考虑的重要问题之一。为了解决这些问题,建立相关平台提供相应的旅游地质勘查信息服务成为旅游部门工作的重中之重。三维可视化综合地质信息服务与决策平台可以为旅游、建设等政府职能部门制定政策提供决策依据,促进旅游产业的发展。

平台提供的旅游地质勘查信息服务以 GIS 技术、多媒体技术、电子政务公共服务云为支撑,整理地质遗迹、湿地、海岛等旅游地质资源资料,通过查询、分析旅游地质资源分布图,方便定位与浏览地质遗迹、湿地和海岛信息。其包括地质遗迹管理、湿地管理和海岛管理等模块(图 5-13)。旅游地质勘查信息类型与格式见表 5-7。

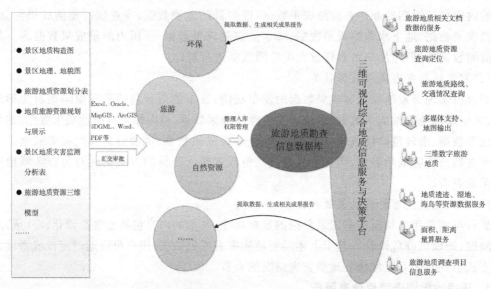

图 5-13　旅游地质勘查信息服务示意

表 5-7　旅游地质勘查信息类型与格式

序号	地质信息类型	地质信息制作软件与格式
1	景区地质构造图	CAD、MapGIS、ArcGIS 等
2	景区地理、地貌图	CAD、MapGIS、ArcGIS 等
3	旅游地质资源划分表	Excel、Word、JPEG 等
4	地质旅游资源规划与展示	JPEG、MP4 等
5	景区地质灾害监测分析表	Excel、Access、Word 等
6	旅游地质资源三维模型	3DGML、JPEG、MP4 等

1. 旅游地质信息服务

平台可实现对重要地质事件及地质现象遗迹,海岸、海岛旅游资源,人文地质旅游资源,山岳、峡谷旅游资源,岩溶、洞穴旅游资源,水景观旅游资源的发布,进而为政府部门科学管控旅游地质资源提供服务及数据基础。

2. 旅游地质相关文档数据服务

平台能够对包括立项、总体设计、分项设计、实施、成果应用等各阶段的文件、文档(报告)、照片、多媒体及相关参照标准和政策法规进行展示与快速检索查询。通过文档对照表可进行文档代码翻译并能正确直观地显示文档数据;能按类(如政策法规、项目成果、指南标准)进行文档资料的显示与查询,在文档窗口还能利用模糊查询的方式进行查询,即通过输入所查文档名或文档内所含的关键字来实现查询。

3. 旅游地质资源查询定位

平台提供旅游地质资源的空间查询和属性查询。空间查询信息包括旅游地质资源的空间地理位置及周边交通状况等,点击某旅游地质资源图元,即可显示旅游地质资源图片和文字描述信息。属性查询主要包括旅游地质资源类型(地质遗迹、湿地、海岛)、旅游地质资源名称,以及查询旅游地质资源地图位置、图片、文字描述信息。

4. 旅游地质路线、交通情况查询

平台提供的旅游地质路线、交通情况查询包括科考路线和推荐旅游路线查询,偏重于地图元素调用,即根据属性查询条件,调出相应的路线元素及对应的属性列表。根据查询条件,在地图上显示路线位置、沿线景点、动态链接路线等文字描述信息。

5. 地质遗迹数据服务

平台可实现对重要地质事件及地质现象遗迹包括重要地质剖面、重要地质构造、重要化石产地、古人类遗址、地质灾害遗迹等地质遗迹信息的发布,提供对上述类型地质遗迹的定位查询与属性信息检索。

6. 湿地资源数据服务

平台可实现对湿地资源包括海岸、河口湾、河流型、湖泊、沼泽的发布,提供对湿地资源的定位查询与属性信息检索。

7. 海岛资源数据服务

平台可实现海岸、海岛旅游资源的发布。海岸旅游资源包括侵蚀型海岸、堆积型海岸、生物型海岸、断层型海岸旅游资源,如青岛金沙滩、银沙滩及石老人等各种海蚀地貌。海岛旅游资源包括大陆岛型、冲积岛型、珊瑚岛型、火山岛型旅游资源,如长山列岛、胶南市灵山岛、烟台三山岛、威海刘公岛等。

8. 交通信息查询服务

路线计算通常可以从以下地质灾害方面考虑:距离最短、用时最短、费用最低、阻尼最小。由于数据不足及时间、精力的限制,推荐路线查询以道路连接关系为依据,以距离因素作为路线计算的唯一影响参数,以"县道"图层作为基础道路层,通过循环比较,筛选出到达某目的地距离成本最小的路线。

9. 鹰眼程序服务

平台的鹰眼窗口与主视图窗口是两个建立了连接的地图控件,可以让使用者很直观地看到主视图当前显示内容在全图范围内所处的位置。当在主地图控件中,鼠标拖曳致使主视图的范围发生变化的时候,鹰眼地图控件会自动加载主视地图控件中的所有图层对象,并绘制红色的方框对应主视图的地图窗口范围,以实现两者数据的显示一致。鹰眼窗口可通过菜单栏的启动,调出鹰眼菜单。

10. 面积距离量算服务

平台通过选择工具可以任意捕捉处于视线范围内的图形元素,根据选择结果动态生成一个选择集对象。后者用于在选择集对象中模拟某一个离散的具有空间属性的对象,其中包括描述该对象表达内容的属性字段,以及描述其形状和位置信息的几何字段。

11. 多媒体支持服务

平台的多媒体支持功能在文字描述的基础上配以影音,用于介绍旅游地区的主要景观类型及其地质成因。为了提高视听效果,平台的影音播放功能可提供景区风光片的播放及相关旅游网站的连接。采用影音结合的方式,极大地丰富了整个平台的视听效果,给予使用者最震撼的视觉冲击和最真实的感官效应。

12. 旅游地质调查项目信息服务

平台提供关于旅游地质调查项目的相关信息。用户可以通过定位实现对指定坐标点一定范围内旅游地质调查项目的查询,基于旅游地质调查项目的分布信息,获取旅游地质调查项目的元数据信息,如项目周期、项目工作内容、范围及项目成果介绍。

5.3.8　三维综合地质信息服务

地质成果专业性太强,如地质剖面图、地球物理解译图等成果,非地质专业人员很少能够明白其中的含义,这极大地影响了地质成果在政府管理过程中的辅助作用。

但是随着信息化技术的发展,三维建模技术的不断迭代更新与应用,地质成果可以三维模型、动画和专题场景漫游等形式进行展示和分析,方便了政府决策部门对地质成果的理解和使用,也为地质成果与城市建设其他成果的融合和综合分析应用奠定了基础。

三维综合地质信息服务基于三维可视化综合地质信息服务与决策平台下的城市大数据,融合各部门地质相关数据、成果和相应的三维地质模型,形成相应的服务模式(图 5-14)。政府部门可通过电子政务网服务根据权限直接访问各模型成果,形成相应成果分析报告,为政府决策制定提供相应的辅助支撑。

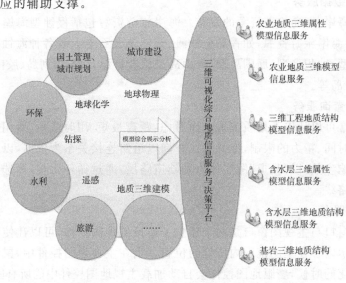

图 5-14　三维综合地质信息服务示意

1．农业地质三维属性模型信息服务

平台可实现对农业地质相关属性模型信息的发布。用户可以根据多种条件筛选、查看农业地质三维属性模型，如土壤农药污染情况。

2．农业地质三维模型信息服务

平台可实现农业地质三维结构模型即土层结构模型信息的发布。社会公众可以根据需求对发布的模型进行任意的揭层查看，为社会公众了解土壤结构提供服务。

3．三维工程地质结构模型信息服务

平台可实现对三维工程地质结构模型信息的发布，支持对三维工程地质结构模型信息包括工程地质体分层信息的查询（图 5-15）。

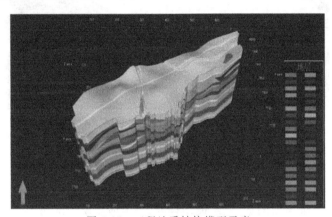

图 5-15　工程地质结构模型示意

4．含水层三维属性模型信息服务

平台可实现对含水层三维属性模型的信息发布和对含水层结构模型的发布服务，方便用户直观查看含水层各标志性元素与污染物的分布情况，以及含水层内不同区域的属性信息，提供含水层三维模型信息的发布，实现对三维模型的浏览与属性查询。

5．含水层三维地质结构模型信息服务

平台可实现含水层三维地质结构模型信息的发布，支持对三维模型的浏览与属性查询。

6．基岩三维地质结构模型信息服务

平台可实现对基岩三维地质结构模型信息的发布，支持对三维基岩地质结构模型信息包括断层（图 5-16）、地层、侵入体（图 5-17）、火山结构等属性信息的查询。

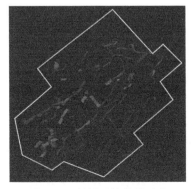

图 5-16　断层系统效果示意

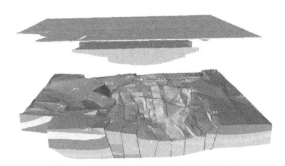

图 5 17　基岩三维地质结构模型示意

1）第四系三维地质结构模型信息服务

平台可实现对第四系三维地质结构模型信息的发布，支持用户对模型的任意拖拽、放大、缩小、旋转、量算及模型附带的属性信息查询；支持对第四系三维地质结构模型信息包括地层分布、岩丘等信息的查询（图 5-18）。

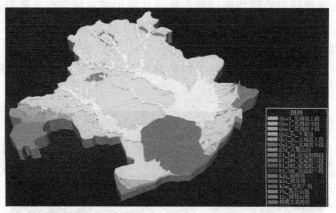

图 5-18   第四系三维地质结构模型示意

2）三维基础地质调查信息服务

对于用户选择关注的地区和专业，平台可自动提取选定的已建立的三维地质结构模型，并下载到客户端进行显示及分析，同时可通过 Web 浏览器显示三维地质模型并进行基本分析，包括三维模型显示、三维模型浏览、三维模型查询、三维地质模型剖切。

3）基础地质调查三维信息发布服务

三维模型数据的网络传输不同于二维地图服务，暂无国际通用的服务标准。三维数据同时具有结构复杂、分辨率多、数量大的特点。平台针对基础地质调查数据提供了专门的网络传输服务机制，可在较低带宽、多用户并发的情况下，较好地保证三维地质调查数据的网络传输。

4）基础地质多专业三维模型管理

基础地质调查成果三维可视化后，具有多专业、多区域、多比例尺等特点。在有限的网络带宽环境下，面向多个应用方向，平台提供了丰富的三维模型管理功能，可以对不同的模型，如矢量地图、三维地形、三维标记、三维钻井模型、三维剖面模型等提供不同的管理方式和对应的响应动作。

5）基础地质二维专业图三维可视化

平台对已有的二维地图服务，如区域地质图、外业路线图等，支持由二维地图转为三维场景显示，可设置透明度等相关参数。

6）多方式三维场景交互操作

用户在平台客户端三维场景中可使用下载到客户端的地形模型、地层模型等三维模型，并支持三维模型浏览操作。

7）基础地质勘查信息三维成果输出

平台能够对当前场景以图像形式输出，包括图像输出和查看图像，还可对场景动态进行视频录制，按录制参数输出到指定路径。

8）基础地质三维可视化辅助工具

针对地质调查三维成果展示时，空间超大或目标对象较小的情况，平台对各类三维成果提供了相应的可视化增加效果,包括增加模型三维显示包围盒、提供自定义的三维坐标显示网格、支持模型的可调节半透明参数设置、设置三维模型的放大缩小突出显示。

9)基础地质三维模型空间分析

平台可以量测对象间海拔、水平、绝对距离,量测地形高度,计算真三维空间模型体积,通过编辑路径对地形进行地形剖切,显示地形剖面图,也可进行全年日照模拟与预演。

10)基础地质三维场景漫游

平台支持用户进行路径编辑和路径漫游。路径编辑可以在三维视图中编辑漫游路径,设置漫游相关参数。路径漫游可以对编辑好的路径进行漫游显示,用户可控制漫游进度。

11)基础地质三维场景深度分析

平台对场景进行爆炸效果模拟,包括爆炸整个场景、爆炸当前活动图层、复位场景、设置爆炸相关参数等功能。

5.3.9　城市地质安全质量分析评价服务

在政府管理过程中,城市地质安全质量分析评价是重要参考信息。想要得到科学合理的地质安全质量分析评价就需要参考各相关部门的地质成果,如城市建设方面的地质基础性能、水利方面的地下水开发情况、环保方面的土地污染等信息。

三维可视化综合地质信息服务与决策平台就能很好地解决这个问题。各部门的地质成果和监测数据通过各部门的整理和标准化后导入平台,基于这些成果数据,平台能够根据给定的判别标准自动进行相应的分析评价,并生成相应的成果报告,这样不但使流程更加简化,而且得到的结果也更加科学合理。各部门通过自己的需求生成相应的分析报告,并且根据监测预警信息时刻进行工作调整,让城市高效科学、绿色可持续发展(图 5-19)。

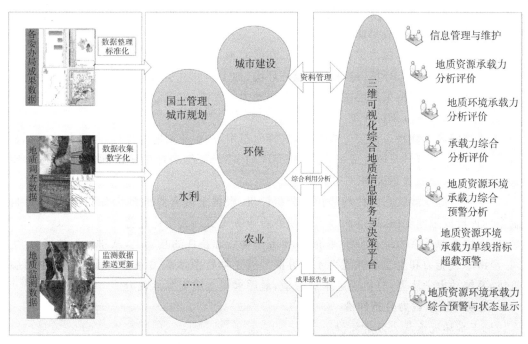

图 5-19　城市地质安全质量分析评价服务示意

1. 信息管理与维护

平台支持对研究区人口与社会经济信息的管理与维护；支持对地质环境承载力有关的地质、地貌进行存储入库、处理；支持根据拟评价因素的特点与研究区地质背景、人文背景、社会经济背景进行相关管理编辑；支持对不同评价要素的承载力评价标准体系的维护与管理，实现"因需定制"，并支持用户对承载力等级进行界定与编辑。

2. 地质资源承载力分析评价

1) 地下水资源承载力分析评价

(1) 地下水资源承载状态预警分析评价：选择地下水水位、地下水补径排条件、地下水开采潜力和地下水开采强度等指标，参考与该指标相关的国际国内标准(规范)及研究成果，结合研究区的实际情况，确定相应指标的阈值区间，用以衡量地下水资源所处的状态级别。

(2) 地下水资源承载状态变化趋势预警分析评价：根据地下水资源承载状态评价结果，可自动绘制指标评价成果历时曲线图，通过曲线图方便专业业务人员判断变化趋势。

(3) 地下水资源承载力综合分析评价：以地下水资源量、水质、水动态数据为基础，对地方地下水资源环境承载力进行计算研究。评价时不仅要考虑水资源供需能力、水资源利用环境条件，而且还要考虑地下水资源对承载水环境生态系统、承载人口和承载社会经济的程度；基于此，再从地下水资源负载程度和地下水资源开发优势等方面来进行评价。

2) 地下空间资源承载力分析评价

(1) 地下空间资源承载状态预警分析评价：选择地下空间适宜性、工程建设适宜性、断裂构造特征、地震烈度、地震灾害、地面沉降、砂土液化、承压水、工程地质力学性质、地面及地域位置条件等指标，参考与该指标相关的国际国内标准(规范)及研究成果，结合研究区的实际情况，确定相应指标的阈值区间，用以衡量地下空间资源所处的状态级别。

(2) 地下空间资源承载状态变化趋势预警分析评价：根据地下空间资源承载状态评价结果，可自动绘制指标评价成果曲线图。

(3) 地下空间资源承载力综合分析评价：在研究地下空间资源特性的基础上，从地下空间资源环境、地下空间生态环境、地下空间经济环境、地下空间社会环境 4 个方面开展地下空间资源承载力评价，并支持采用层次分析法、系统动力学方法、主成分方法等获得评价成果。

3) 土壤资源承载力分析评价

(1) 土壤资源承载状态预警分析评价：选择生态用地、农业用地等指标，参考与该指标相关的国际国内标准(规范)及研究成果，结合研究区的实际情况，确定相应指标的阈值区间，用以衡量土壤资源所处的状态级别。

(2) 土壤资源承载状态变化趋势预警分析评价：根据土壤资源承载状态评价结果，可自动绘制指标评价成果曲线图，通过曲线图方便专业业务人员判断变化趋势。

(3) 土壤资源承载力综合分析评价：在研究土壤资源特性的基础上，从耕地保障能力、生存空间、经济承载能力和生态承载能力 4 个方面开展土壤资源承载力评价。评价支持采用层次分析法、系统动力学法等，分析确定承载分值，最后求得土壤资源承载力。

3. 地质环境承载力分析评价

1) 地下水环境承载力分析评价

(1) 地下水环境承载状态预警分析评价：选择水质无机指标、水质有机指标、地下水污染、地下水环境容量等指标，参考与该指标相关的国际国内标准(规范)及研究成果，结合研究区的实际情况,确定相应指标的阈值区间,用以衡量地下水环境所处的状态级别。

(2)地下水环境承载状态变化趋势预警分析评价:根据地下水环境承载状态评价结果,可自动绘制指标评价成果曲线图,通过曲线图方面专业业务人员判断变化趋势。

(3)地下水环境承载力综合分析评价:将地下水环境承载力分解成承载地下水环境生态系统、承载人口和承载社会经济 3 个部分;3 个分承载力根据选取的相关指标进行模型计算,得出各指标的承载度,再加权计算出分承载力的值,最后根据 3 个分承载力的权重进行地下水环境承载力综合评价。

2)土壤环境承载力分析评价

(1)土壤环境承载状态预警分析评价:依据城市自然地理条件、城市性质及未来发展目标,选择土壤环境容量、土壤污染、地方病等多项指标,根据有关标准,确定相应指标的阈值区间,用以衡量土壤环境所处的状态级别。

(2)土壤环境承载状态变化趋势预警分析评价:根据土壤环境承载状态评价结果,可自动绘制指标评价成果曲线图,通过曲线图方便专业业务人员判断变化趋势。

(3)土壤环境承载力综合分析评价:综合考虑土壤类型、土壤资源适宜性指数等土壤资源开发利用的基础条件,耕地总资源、耕地后备资源总量、城市建设用地面积、城市人口密度、农林牧渔业总产值等土壤资源现状与利用程度,以及土壤资源开发引起或诱发的环境问题等,确定评价指标及分级标准,再采用加权平均法进行土壤环境承载力评价。

3)地温场环境承载力综合分析评价

(1)地温场环境承载状态预警分析评价:选择地下水水质、地热与浅层地温能适宜性评价成果、浅层地温能换热工艺、地热与浅层地温能资源量、开发利用经济效益等指标,参考与该指标相关的国际国内标准(规范)及研究成果,结合研究区的实际情况,确定相应指标的阈值区间,用以衡量地温场环境承载力所处的状态级别。

(2)地温场环境承载状态变化趋势预警分析评价:根据地温场环境承载状态评价结果,可自动绘制指标评价成果曲线图,通过曲线图方便专业业务人员判断变化趋势。

(3)地温场环境承载力综合分析评价:在研究地温场环境特性的基础上,从地热与浅层地温能资源保障能力、经济效益、生态承载能力等方面开展地温场环境承载力评价。评价支持采用层次分析法、系统动力学法等,分析确定承载分值,最后求得地温场环境承载力。

4)地面沉降环境承载力分析评价

(1)地面沉降环境承载状态预警分析评价:选择地面沉降地质灾害类型、地面沉降范围、地面沉降地质安全危险性综合评价成果等指标,参考与该指标相关的国际国内标准(规范)及研究成果,结合研究区的实际情况,确定相应指标的阈值区间,用以衡量地面沉降环境承载力所处的状态级别。

(2)地面沉降环境承载状态变化趋势预警分析评价:根据地面沉降承载状态评价结果,可自动绘制指标评价成果曲线图,通过曲线图方便专业业务人员判断变化趋势。

(3)地面沉降环境承载力综合分析评价:在地面沉降特性的基础上,从地面沉降范围的空间保障能力、人口承载力、经济效益、社会效益、生态效益等方面开展地面沉降承载力评价。评价支持采用层次分析法、系统动力学法等,分析确定承载分值,最后求得地面沉降地质资源承载力。

5)重大线性工程环境承载力分析评价

(1)重大线性工程环境承载状态预警分析评价:选择重大线性工程区地质灾害类型、地质灾害范围、地质灾害地质安全危险性综合评价成果等指标,参考与该指标相关的国际国内标准(规范)及研究成果,结合研究区的实际情况,确定相应指标的阈值区间,用以衡量重大线性工程环境所处的状态级别。

(2)重大线性工程环境承载状态变化趋势预警分析评价:根据重大线性工程资源承载状态评价结果,可自动绘制指标评价成果曲线图,通过曲线图方便专业业务人员判断变化趋势。

(3)重大线性工程环境承载力综合分析地温场环境评价:在重大线性工程地质资源特性的基础上,从重大线性工程地质资源空间保障能力、人口承载力、经济效益、社会效益、生态效益等方面开展重大线性工程环境承载力评价。评价支持采用层次分析法、系统动力学法等,分析确定承载分值,最后求得重大线性工程环境承载力。

4.承载力综合分析评价

1)地质资源环境承载力红线设置

地质资源环境承载力红线为按地质资源不同用途、不同功能、不同重要程度划分和管控的边界线。平台支持用户根据不同功能类型的承载力状态与功能,自定义设置地质资源环境承载力红线。

2)地质资源功能区界定与维护

根据地下水资源、地下空间资源、重大线性工程地质资源、地热与浅层地温能资源等不同地质资源的功能,平台支持用户对地质资源功能区的界定与维护。

3)地质资源环境承载力综合评价

(1)地质资源环境承载力指标有以下三种:

第一种是基础评价指标。基础评价指标包括资源、环境两类指标,用于对研究区单元全覆盖的评价,是资源环境承载能力预警的基础。资源类指标由水资源、土壤资源、地下空间资源、地热与浅层地温能资源、重大线性工程地质环境资源构成。

第二种是专项评价指标。专项评价指标是对研究区不同主体功能区类型设计的针对性评价指标,反映不同功能区资源环境承载能力的特殊性问题。

第三种是过程评价指标。过程评价指标用于对研究区地质资源利用效率及地质环境影响程度变化的评估,辅助反映资源环境承载能力预警状态和可持续发展能力。资源环境综合效益指标由资源利用和环境污染压力两项内容构成。其中:资源利用表达为水资源、土壤资源、地热资源、重大线性工程地质资源、地下空间资源的变化情况;环境污染压力表达为水环境、土壤环境、地质灾害、地壳稳定性等的变化情况。此外,评价的待补指标还包括针对主体功能区规划中禁止开发区的扰动程度而提取的"一票否决"预警指标,以及有关部门划定的红线管控指标。

(2)资源环境承载能力评价分为以下三种:

第一种是单元全覆盖的基础评价。采用基础评价指标,对首都县级单元进行逐项评价,为针对功能区类型超载阈值选择、主体功能区域评价及综合评价提供基础和依据。

第二种是主体功能区类型的专项评价。基础评价、专项评价、过程评价均根据自身需要,选择功能细化的具体方案,确定不同功能类型的超载、临界超载阈值,并集成形成单项指标的监测预警评价结果。

第三种是预警分类与集成评价。从空间分布、要素构成、时序变化等方面，分项归纳超载、临界超载、不超载三种类型的预警特征；以基础评价为主要依据，结合专项评价结果，参考过程评价结论，运用等权重方式进行等级组合，形成资源环境承载能力监测预警集成评价方案。

4）地质资源环境承载状态统计分析

平台根据地质资源环境承载状态评价成果，实现对承载状态的统计分析，统计分析的内容支持柱状图、饼状图、报表形式的浏览与输出。

5. 地质资源环境承载力单项指标超载预警

1）地质资源环境承载力单项指标阈值设置

平台支持用户对临界超载阈值进行编辑与修改。

2）地质资源环境承载力预警信息生成

平台可根据模型库中定义好的预警模型，针对不同的个体进行模型调用，自动生成相应的预警信息，并能进行人工交互输入其他信息。

3）地质资源环境承载力预警信息修正

平台可提供专家或者其他技术人员对生成的预警信息进行修改修正的功能，记录修改原因，提供对相关图、表的修改、整饰功能。

4）地质资源环境承载力预警信息管理

平台可对每次形成的预警结果数据进行入库管理，并能查询其相关元数据和调用预警结果，形成预警结果历史数据库。

5）地质资源环境承载力预警信息统计

平台可自动统计不同预警范围内的承载力超载统计、威胁对象统计、威胁人数和户数统计等。统计结果能够生成多种样式的统计图表，图表可直接导出。

6. 地质资源环境承载力综合预警与状态显示

根据平台的统计分析模型、模糊数学模型、层次分析模型，构建地质资源环境承载力综合预警模型，可实现对地质资源环境承载力综合报警，并提供警情状态的显示。

7. 地质资源环境承载力综合预警分析

1）地质资源环境承载力警情分析

平台可根据各专题警戒区间划分体系，分析地质资源环境承载力存在的具体问题。根据警情分析结果，识别区域警情处于弱载区、成长区、健康区、适载区和超载区的范围。

2）地质资源环境承载状态变化趋势对比分析

平台支持同期不同评价要素承载状态变化趋势的对比分析和单一评价要素不同时期的对比分析。

§5.4　城市地质环境监测预警平台

依托城市地质环境监测预警平台，可实现地下水环境、地下空间地质安全、地温场环境、重大线性工程地质环境、土壤地质环境、城市资源环境承载力的监测预警分析。城市地质环境监测信息类型见表5-8。

表 5-8　城市地质环境监测信息类型

序号	地质信息类型	地质信息制作软件与格式
1	地表等值线	CAD、MapGIS、ArcGIS 等
2	地下水位埋深	CAD、MapGIS、ArcGIS 等
3	含水层埋藏地质条件监测表	Excel、Word、JPEG 等
4	地面塌陷调查表	Excel、Word、Access 等
5	地面沉降调查表	Excel、Word、Access 等
6	含水层破坏野外调查表	Excel、Word、Access 等
7	海岸线变迁调查表	Excel、Word、Access 等
8	工业(矿业)污染源调查表	Excel、Word、Access 等
9	农业污染源调查表	Excel、Word、Access 等
10	土壤环境调查表	Excel、Word、Access 等
11	土地荒漠化野外调查表	Excel、Word、Access 等
12	水土流失野外调查表	Excel、Word、Access 等
13	矿山土壤污染调查表	Excel、Word、Access 等
14	洪涝渍害地质环境综合调查表	Excel、Word、Access 等
15	砂土液化调查主表	Excel、Word、Access 等
16	地质灾害防治分区	Excel、Word、JPEG 等
17	地质灾害点分布图	Excel、Word、JPEG 等

5.4.1　地下空间地质安全监测预警服务

1. 地下空间地质安全成果管理

1）地下空间地质安全成果数据管理

平台提供的地下空间地质安全成果管理是对地下空间标准处理后的成果数据进行存储与管理,包括城市区内的钻探、专业分析评价成果等数据,如钻孔剖面图、地下空间利用约束条件分析成果、地下空间适宜性分析成果等图件、地下空间地质安全管理过程中的文档报表等资料数据。地下空间地质安全成果数据通过数据目录按照成果数据的类型、制作人、成果时间等成果图件属性进行管理。

2）地下空间地质安全成果数据展示

平台支持针对地下空间地质安全成果数据进行综合展示,包含基本的数据展示功能;支持不同成果图件或专题图件数据的叠加展示;支持成果图件与成果报告等文档型数据的关联展示。

3）地下空间地质安全成果数据查询统计

根据地下空间地质安全成果数据特点,平台支持多种查询方法,包括基于属性字段查询功能、空间查询、组合查询等多种数据查询手段,满足不同用户对数据的查询获取需求。其中,基于空间图形的查询功能提供多种查询选择工具,包括矩形选择、多边形选择、画线选择、拾取线选择、拾取面选择、圆形选择、输入拐点坐标选择等,可以利用地图选择工具查询地图上空间对象的属性信息。

4）地下空间地质安全成果数据评价分析

平台支持不同时期同类数据对比分析和同一时期相关数据叠加分析综合评价等。

5)地下空间地质安全成果数据共享

平台为生成的所有成果数据提供两种不同的共享机制,用户根据数据涉密级别、数据敏感程度等特点,可直接共享到共享平台上,或者形成数据共享包。

2. 地下空间三维建模与展示

1)地下空间地质安全三维结构模型建设

平台可根据垂向调查深度和地区范围,以重点工程地质层为建模单位,按照不同区域重要程度的差别,建立具有不同精度的一体化三维工程地质模型,用来展示近地表岩土体的工程地质层空间分布特征及其性质上的差异。

2)地下空间地质安全三维属性模型建设

工程地质物理力学参数(如含水量、重度、比重、孔隙比、压缩系数、压缩模量等)是在三维空间中连续变化的工程地质层内部的物理属性。平台可根据工程地质钻孔中获取的这些物理力学参数,利用三维数据场可视化技术建立起反映某种参数在三维空间中分布情况的三维模型,为地下空间开发、规划与建设的地质环境条件评价提供依据。

3)地下空间地质安全三维综合展示

基于 Creatar Globe 三维地学展示平台,可实现对地下空间三维地质结构模型、属性模型、地形地貌、收集获取的地表构(建)筑物模型、地下管线、地下构(建)筑物模型、监测点位置信息,以及地下空间地质安全专题评价成果数据等的地上地下一体化与查询。平台支持地上地下一体化漫游,日月星空系统等环境展现,支持球面模式、平面模式两种场景模式。

数据展示具备级别、内容可配置的数据目录树形控件,控制数据模型的显示与隐藏,能够方便查看选中对象的属性。检索查询支持场景任意对象的选取与属性查询,查询对象包括钻孔、钻孔地层、剖面、剖面弧段、剖面多边形、地质体、地表构(建)筑物模型等。

3. 地下空间利用基础条件分析

1)岩土体岩性分析模块

平台可实现对地下空间周边岩土体岩性数据的分析功能,进而为专业人员分析、提出不同岩性条件下的地下空间开发利用方法及需注意问题提供数据支撑与依据。

2)岩土体力学特征分析模块

平台可根据土工实验参数特点和应用需求,实现对压缩系数、压缩模量、压缩指数、回弹指数、凝聚力、内摩擦角等参数的统计分析,支持生成报表和相关参数历时曲线图,支持根据有限的参数数据生成参数等值线图,为专业人员分析、提出不同力学特征下的地下空间开发利用方法及需注意问题提供数据支撑与依据。

4. 地下空间利用约束条件分析

1)地层应力分布特征分析模块

该模块通过对量测、监测数据的整理与回归分析,找出其内在规律,对地层稳定性和支护效果进行评价,然后采用位移反分析法,反求地层初始应力场及综合物理力学参数,并与实际效果对比、验证。该模块可用于分析地应力如何从基岩传递到松散层中,以及在松散层中的应力分布特征。

2)地层位移分析模块

该模块展示了在应力作用下地层水平位移和垂直位移的变化特征,应力与应变之间的作用模式和数值模型。

3）振动液化分析模块

该模块可实现对振动频率和土层液化之间响应关系的分析与评价。

4）地下水水位分析模块

（1）水位变幅图：通过选择生成水位变幅图的监测孔及水位标高数据、设置插值方法等，生成水位变幅图。用户可以对变幅图进行编辑、保存到成果库、导出数据等操作。

（2）监测孔地下水水位报表：根据用户选取的监测井编号、起始时间、终止时间、报表类型，自动从数据库系统中提取地下水水位监测数据，生成水位统计报表，并在表格下端绘制水位变化曲线图。用户可以对报表内容进行编辑修改、保存、打印输出等操作。

（3）水位变化分区图制作：根据用户选定的比较年限、监测井序列、起始时间、目标时间等信息，通过各类插值算法和聚类分析方法，对数据序列进行插值、分类，最后形成水位变化分区图。

（4）水位等值线：通过选择生成等值线的水位标高数据、设置插值方法等，生成水位标高等值线。用户可对等值线进行编辑、保存到成果库、导出数据等操作。

（5）水位预测：基于数理统计的地下水水位动态预测，主要是通过使用多元线性逐步回归分析法对影响水位变化的各类因子进行相关分析，优选出主要因子进行回归分析，从而进行水位预测的方法。逐步回归分析法是指运用回归分析原理并采用双检验的原则，逐步引入和剔除自变量而建立最优回归方程的方法。

（6）水位预警：水位下降幅度较大和已经形成水位降落漏斗的区域是需要重点关注的区域，对这些区域要进行预警。平台能够计算出水位预警所涉及的地区，水位预警区即水位变幅超过阈值和已形成水位降落漏斗的重叠区域。

5）孔隙水压力分析模块

（1）孔隙水压力统计分析：选择时间段、监测孔，利用孔隙水压力观测数据，自动生成孔隙水压力观测数据统计表。孔隙水压力观测数据统计表中包括各观测点埋深、岩性、初始孔隙水压力、孔隙水压力月平均值、空隙水压力特征值。

（2）孔隙水压力与相邻含水层水位标高变化对比分析：对同一时间序列上观测孔孔隙水压力数据、相邻含水层水位标高数据绘制变化曲线图。平台提供曲线绘制、编辑、导出、打印、保存功能。

5. 地下空间资源评价

城市地下空间资源的评价是对城市所拥有的地下空间资源在数据、质量、种类、适用性、开发优势、开发的有利条件和制约因素等方面进行科学的评估，是制定城市地下空间开发利用规划、采取合理的开发利用方式与施工手段的科学依据。自然而然地，城市地下空间资源评价就成为城市地下空间资源评估研究的核心。目前对城市地下空间资源的评价主要从适宜性、资源量和环境影响上进行。

1）地下空间资源适宜性评价

地下空间资源适宜性评价模块利用其他各监测平台形成的断裂、岩溶塌陷、地面沉降、砂土液化数据，对地质条件适宜性进行综合评价，分析地下空间开发利用较适宜区、一般区和敏感区分布（图 5-20）。

2）地下空间资源量分析

地下空间资源量估算体系的任务是根据可开发利用（可开发和可有限开发）的地下空间资源调查评价结果，对资源量进行估算和统计，包括可开发利用的地下空间资源总量、基本质量评价、潜在开发价值评价和综合质量评价结果的估算和统计;根据单因子评价模型假定的可有效利用系数,估算可有效利用的地下空间资源量,并进行空间分析。

平台根据地下空间质量综合评价,区分可开发资源与不可开发资源。其中,可开发资源包含适宜建设地下空间资源范围区域内的不可充分开发资源和可充分开发资源。其估算指标体系结构如图 5-21 所示。

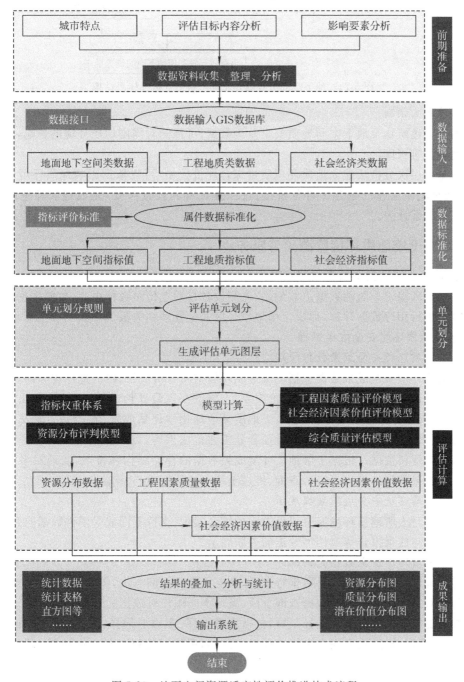

图 5-20　地下空间资源适宜性评价推进技术流程

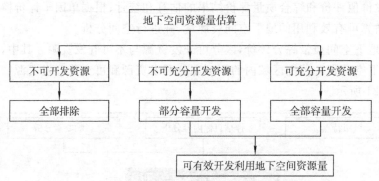

图 5-21　地下空间可有效开发资源量估算指标体系结构

3）环境影响预测

根据重大建筑物及地下空间地质安全监测数据，可预测对周围地质环境的影响，并评估对地质环境的影响程度。

平台基于层次分析法建立地质环境质量综合评价模型，可以依据影响地质环境的相关因素，对地质环境质量进行综合评价分析；通过计算权重和设置参数，完成地质环境质量分区图和分区面积统计表。

5.4.2　土壤地质环境监测预警服务

1．土壤地质环境安全监测数据管理

土壤地质环境安全监测数据由监测站、监测设备自动上传至数据中心，按照数据中心设置自动保存并进行相应数据计算，形成土壤地质环境安全管理相关报告。

2．土壤地质环境安全成果管理

1）土壤地质环境安全成果数据管理

土壤地质环境安全成果数据包括土壤地质环境空间分析成果、硒的地球化学评价成果、土壤环境质量评价成果、土壤污染程度评价成果、土壤潜在风险评价成果、土壤养分元素丰缺分级评价成果、农业种植警示区评价成果、土地质量地球化学评估成果、农产品品质安全性评价成果、场地健康风险评价成果、土壤质量预警分析评价成果等，以及土壤地质环境管理过程中的文档报表等资料数据。根据土壤地质环境成果数据的存储结构和特点，实现对多源异构土壤地质环境成果数据的导入、导出、查询、推送至统一的数据中心、删除等功能。

2）土壤地质环境安全成果数据展示

平台支持对土壤地质环境安全成果数据的综合展示；支持不同成果图件数据的叠加展示；支持成果图件与成果报告等文档型数据的关联展示。

3）土壤地质环境安全数据查询统计

根据土壤地质环境安全成果数据特点，平台支持多种查询方法，包括基于属性字段查询功能、空间查询、组合查询等多种数据查询手段，满足不同用户对数据的查询获取需求。其中，空间图形查询功能提供多种查询选择工具，包括矩形选择、多边形选择、画线选择、拾取线选择、拾取面选择、圆形选择、输入拐点坐标选择等，可以利用地图选择工具查询地图上空间对象的属性信息。

4）土壤地质环境安全成果数据评价分析

平台支持不同时期同类数据对比分析、同一时期相关数据叠加分析综合评价等。

5) 土壤地质环境安全成果数据共享

平台生成的所有成果数据提供两种不同的共享机制,用户可根据数据涉密级别、数据敏感程度等特点,直接共享到共享平台上,或者形成数据共享包。

3. 土壤地质环境安全三维建模与可视化

1) 数字地面高程模型建设

平台可根据数字高程模型,进行数字地面模型的构建。构建时可以加入河流、湖泊等控制条件,最大程度地逼近真实情况,同时,地面可以进行贴图(如卫星影像图),也可以增加地面简单建筑物(如楼房、树木等)。

2) 土壤结构三维模型建设

平台可根据土壤调查数据,进行土壤结构三维模型的构建。构建时可以对构建的模型进行实物信息贴图,最大程度地逼近真实情况,同时,构建好的模型支持开挖、剖切、推荐、漫游面积量算、体积计算等三维空间分析功能。

3) 土壤元素分布属性模型建设

平台可在构建好的土壤结构三维模型基础上,利用地球化学调查数据,实现土壤元素分布属性模型的构建,为指导农业种植、规划土壤开发利用提供基础支撑。

4) 土壤地质环境综合信息地上地下一体化展示

地上地下一体化三维综合信息展示功能是在三维平台上进行二次开发而成,主要用于土壤地质环境三维成果的展示、管理与分析,实现地理位置定位及由大到小逐渐漫游。其采用的动态加载技术,可将地上的建筑物、植被、地表地形、土壤组成信息,以及其他子专题评价成果等海量数据展示在平台上,使地上、地表与土壤浑然一体,为决策者提供更加直观的成果展示。

具体功能模块包括地上地下一体化三维数据管理、三维可视化、三维数据查询、三维数据分析。

平台可实现重点工作区三维建模、具有一定特色的土壤地质环境信息综合展示,在调查成果数据出来后可实现具有突出性成果的土壤地质环境信息综合展示。

4. 土壤地质环境空间分析

1) 叠加分析模块

平台支持对专题数据进行叠加空间数据分析,生成相应的图形;提供基于集合论的空间分析功能,包括区对点、区对区、区对线、点对线及缓冲的图形和属性数据相互分析等。

2) 土壤因子分析模块

土壤因子分析主要是针对土壤污染指标,以及土壤因子的最大值、最小值、平均值、超标物、超标率等进行统计分析,包括按照行政单元统计分析、按照土地利用类型统计分析、按照土壤类型统计分析等。在进行不同统计单元的统计分析时,用户选择数据源并指定所要统计的年份与数据项,设置要进行统计的统计量,主要包括样点数、最小值、最大值、顺序百分量、算术平均值及标准差、几何平均值及标准差、变异系数、偏度系数及峰态系数。

5. 土壤地质环境专业评价

1) 硒的地球化学评价模块

(1) 土壤中硒的地球化学评价:以土壤样品中硒含量数据为基础,结合研究区实际情况,依据《中华人民共和国地方病与环境图集》所提出的划分生态景观硒的界限值,将研究区按照地表层土壤含硒等级的不同,制作输出分级图,并对各级别分布区域进行评价。

（2）农产品硒的地球化学评价：以多种农产品样品中硒含量调查数据为基础，以富硒食品含硒量有关标准中含硒量为依据，判定样品是否为富硒农作物，并生成农产品富硒样品分布图。

2）土壤环境质量评价模块

以土壤地球化学调查中土壤单点样的测试分析数据为基础，参照 GB 15618—2018《土壤环境质量　农用地土壤污染风险管控标准（试行）》，根据土壤单点样中的 pH 值和镉、汞、砷、铜、铅、铬、锌、镍等评价指标，确定单因子环境质量分级，并综合单因子评价结果进行土壤环境质量综合评价。

3）土壤污染程度评价模块

根据土壤 pH 值表层土壤元素含量按 $L_i = C_i / E_i$（式中：L_i 为某污染元素 i 的分指数，C_i 为污染元素实测浓度，E_i 为环境异常下限值）进行单项污染物富集（累积）指数的计算，按照 L_i 值参照单因子评价法、分级评价法和内梅罗综合指数法进行单指标污染程度分级。

4）土壤潜在生态风险评价模块

根据表层土壤调查实际资料，分别采用单因子污染指数法、潜在生态风险指数法，实现对土壤中镉、汞、砷、铜、铅、铬、锌、镍等重金属潜在生态风险的评价。

5）土壤养分元素丰缺分级模块

根据表层土壤调查实际资料，土壤中大量元素分级标准参照《中国土壤普查技术》及第二次土壤普查，中量元素分级标准参照土壤普查成果及研究成果，微量元素分级标准参照《生态地球化学环境质量评估与监测技术要求》进行单指标丰缺评价；利用插值和空间分析功能，应用合适的评价模型和程度等级，获得研究区表层土壤的常量营养元素丰缺情况，进而得到丰缺程度三维分区图。

6）农业种植警示区评价模块

依据 GB 15618—2018《土壤环境质量　农用地土壤污染风险管控标准（试行）》，在土壤环境单因子和综合质量评价的基础上，针对镉、汞、砷、铜、铅、铬、锌、镍等有害元素和综合指标的超标范围，圈定土壤污染的警示区，说明区内土壤超标元素的含量特征与超标程度，以及超标区范围、生态环境与农业种植现状等情况。

7）土地质量地球化学评估模块

依据《土地质量地球化学评估技术要求》，以土壤养分指标、土壤环境指标、水环境化学指标、农产品安全指标作为评价因子，以样品实测数据为基础，根据所选指标采取专家分析法、层次分析法、神经网络法等确定各指标权重分值；分别赋予不同权重系数求得最后综合得分，再根据分值大小区间按照土壤质量好坏进行分区，并生成分区图。

8）农产品品质安全性评价模块

依据有关的国家标准、行业标准以多种食品中铅、镉、汞、镍、铜、铬、锌、砷、硒含量实测数据为基础，对每种样品中各元素含量与标准值进行比较，分别判定各元素含量是否超标，并对超标农产品样品件数进行统计，输出统计图表。

9）场地健康风险评价模块

根据场地自然背景资料、污染物数据、暴露人群相关数据、场地调查和样品测试数据、场地土壤污染与重金属监测数据，开展场地污染毒性评估、暴露评价、风险表征评价（根据污染物的致癌性分为致癌风险和非致癌风险两类分别评价）。

6. 土壤地质环境预测

1）土壤环境质量预警分析评价模块

土壤环境质量预警分析评价的方法是：选择适当的评价因子和评价标准，建立评价方法模式和指数系统，进行统计分析，并据此评定土壤环境质量级别。系统后台有一个判断监测值、评价得到的成果数据是否报警的服务，当监测值或评价得到的成果数据达到预警值后，就会报警。

2）状态预警模块

状态预警是指对某预警区域在某预警时间（如 1990 年）的状态预警指标（重金属、有机污染物和无机污染物），采用综合指数评价模型对其污染程度进行预警。预警结果同单因子评价类似，也是采用柱状图表和专题图层表示，并以不同颜色表示不同的污染等级。

状态预警通过调用数据中心土壤地质环境专业监测数据库中的数据，建立开发状态预警模型进行运算、分析、模拟和判断，得到土壤地质环境状态预警信息。

3）趋势预警模块

趋势预警是指通过不同的数学模型对未来的污染状态进行预警预测。由于本项目在时间序列上的资料只有两次，因此，模型构建的基础资料存在较大缺陷，预警预测结果也受到一定的限制。但是，随着基础资料的进一步充实，利用平台中的模型进行趋势预警和预测，对土壤地质环境将具有一定的应用价值。

趋势预警通过调用数据中心土壤地质环境专业监测数据库中的数据，建立开发趋势预警模型进行运算、分析、模拟和判断，得到土壤地质环境趋势预警信息。

5.4.3 地温场环境监测预警服务

1. 地温场环境成果管理

1）地温场环境成果数据管理

地温场环境成果数据管理是对地温场环境标准处理后的成果数据进行存储与管理，包括城区范围内地热监测数据分析成果、浅层地温能监测数据分析成果、地下水水质分析成果、地下水水位分析成果、地下水抽回灌试验分析成果、浅层地温能适宜性评价成果、地温场环境资源评价成果、地温场环境综合评价成果、地温场环境承载力预警成果等，以及浅层地温能管理过程中的文档报表等资料数据。浅层地温能成果数据通过数据目录按照成果数据的类型、制作人、成果时间等成果图件属性进行管理。

2）地温场环境成果数据展示

平台支持对地温场环境成果数据的综合展示；支持不同成果图件数据的叠加展示；支持成果图件与成果报告等文档型数据的关联展示。

3）地温场环境数据查询统计

根据地温场环境成果数据特点，平台支持多种查询方法，包括基于属性字段查询、空间查询、组合查询等多种数据查询手段，以满足不同用户对数据的查询获取需求。其中，空间图形查询功能提供多种查询选择工具，包括矩形选择、多边形选择、画线选择、拾取线选择、拾取面选择、圆形选择、输入拐点坐标选择等，可以利用地图选择工具查询地图上空间对象的属性信息。

4)地温场环境成果数据评价分析

平台支持不同时期同类数据对比分析、同一时期相关数据叠加分析综合评价等。

5)地温场环境成果数据共享

平台生成的所有成果数据提供两种不同的共享机制,用户可根据数据涉密级别、数据敏感程度等特点,直接共享到共享平台上,或者形成数据共享包。

2. 地热地质三维地质模型建设与展示

1)热储三维结构模型建设

平台利用地热地质勘查数据,实现地质体三维结构模型的建设,重现地层、岩体、构造、断层破碎带的不规则边界和空间几何特征等地质信息及其之间的关系,支持地质体内部信息的多种查看方式,如切片、开挖、推进、钻孔分析等,为了解地热地质背景、查明热储层空间分布,以及确定地热资源的形成条件、地热资源可开发利用区域、合理开发利用深度提供技术支撑。用户所构建的热储三维结构模型成果可保存到数据库(图 5-22)。

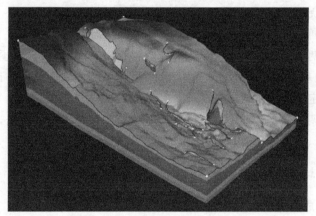

图 5-22　热储三维结构模型示意

2)地温场环境地上地下一体化展示

平台通过热储三维结构模型可实现地热浅层地温能开发利用监测预警成果信息的地上地下一体化展示,支持动态监测数据的三维展示、三维数据分析(图 5-23)。

图 5-23　地温场环境地上地下一体化展示示意

3. 地温场环境数据分析

1）地热监测数据分析模块

(1)地热水温分析:通过选择生成等值线的水温数据、设置插值方法等,生成水温等值线;用户可对等值线进行编辑、保存到成果库、导出数据等操作。

(2)地热水质分析:对历史数据提供图形分析功能。主要包括四类:单点单指标历年同期对比折线图制作,单点单指标历时变化趋势线、柱状图制作,单层单指标浓度变幅图制作及水质分析 GIS 对比图制作。成果图件可以导出、保存。

(3)地热水位分析:支持根据监测数据生成水位变幅图、水位等值线、水位预测。成果图件可以导出、保存。

(4)地热水流量分析:基于地热水流量监测数据生成水量变化曲线,支持分析地热水补径排条件,支持计算补给量、允许开采量、自然排泄量等。成果图件、报表可以导出、保存。

2）浅层地温能监测数据分析模块

(1)地温场环境数据分析:根据钻孔测温数据、恒温层界限等信息计算该钻孔平均温度(增温层)、恒温带顶板埋深、厚度、温度、同一温度埋深,地温梯度,大地热流值,同一深度的温度等地温特征数据。

(2)地温统计:选择需要进行地温特征统计的钻孔,平台自动对所选钻孔地温特征数据进行统计,包括孔号,平均温度,恒温带顶板埋深、厚度、温度,同一温度埋深,同一深度的温度,地温梯度和大地热流值等,并自动生成地温特征数据统计成果表。用户可将成果表进行保存、导出。

(3)地温场环境分布特征图制作:选择需要进行分析的钻孔、绘制地温特征分布的指标(钻孔平均温度、恒温层顶板、恒温层温度、同一温度埋深、同一深度的温度、地温梯度、大地热流值),平台自动生成所选钻孔地温特征指标等值线分区图。用户可将分区图进行保存、导出。

(4)室内热物性特征分析:选择需要进行分析的钻孔,平台自动根据钻孔室内岩土体热物性测试数据,按照规定的计算方法,自动统计计算一定深度范围内岩土体的热物性参数,生成室内岩土体热物性参数统计表,自动绘制热导率、比热容等值线分区图。用户可对统计表、分区图进行保存、导出。

(5)现场热物性特征分析:选择需要进行分析的钻孔,平台自动根据钻孔现场热响应试验数据分别绘制该钻孔大功率、小功率试验下温度在三个阶段过程中随时间的变化曲线,按照规定的计算方法计算初始平均温度、曲线拟合、计算热物性参数,对现场岩土体热物性参数平均值进行统计,自动生成温度时间变化曲线图、曲线拟合图、现场岩土体热物性参数平均值统计表。用户可对曲线图、统计表进行保存、导出。

(6)地下水抽回灌试验分析:选择需要进行分析的钻孔,平台自动根据钻孔抽水试验数据绘制各钻孔抽水试验过程曲线,计算各落成水文地质参数(渗透系数、影响半径),统计生成抽水试验成果表。用户可对曲线图、统计表进行保存、导出。

(7)总管数据分析:实现平台系统机房内总供回水管路的温度压力流量数据分析。用户可对分析结果进行保存、导出。

(8)机房电力数据分析:实现热泵机组、水泵、末端设备电耗分析。用户可对分析结果进行保存、导出。

3）地下水水质分析模块

（1）水质分析模块：水质变幅图。通过选择生成水质变幅图的监测孔及水质监测数据、设置插值方法等，平台可生成水质变幅图。用户可对变幅图进行编辑、保存到成果库、导出数据等操作。

监测孔地下水质报表。根据用户选取的监测井编号、起始时间、终止时间、报表类型，平台可自动从数据库系统中提取地下水水质监测数据，生成水质单项指标、综合指标统计报表，并在表格下端绘制水质变化曲线图。用户可以对报表内容进行编辑修改、保存、打印输出等操作。

水质变化分区图制作。根据用户选定的比较年限、监测井序列、起始时间、目标时间等信息，通过各类插值算法和聚类分析方法，对数据序列进行插值、分类，最后形成水质变化分区图。用户可对水质变化分区进行编辑、保存到成果库、导出数据等操作。

水质等值线。通过选择生成等值线的水质指标数据、设置插值方法等，平台可生成水质各单项指标或综合指标等值线。用户并可对等值线进行编辑、保存到成果库、导出数据等操作。

（2）超标及检出计算评价：基于地下水相关标准、指标分类、检出限及超标限信息，对地下水样品中无机指标、有机指标进行检出计算和超标计算，可生成针对单层、单指标的有机、无机检出计算和超标计算成果图件。

（3）直接对比法地下水质量评价：在对样品各单项指标评价结果的基础上，对比单个样品中所有指标的评价分级，采用"从劣不从优"原则确定监测点的质量分级，以统计表、柱状图形式展示评价结果；将样品各指标与 GB/T 14848—2017《地下水质量标准》中的各指标限值进行对比，得出各指标级别，采用"从劣不从优"的原则，将样品中最差的指标级别作为该样品的水质等级。

（4）综合指数法地下水质量评价：根据单因子评价结果，确定单因子评价分值，根据公式计算样品综合分值及对应等级；选择 GB/T 14848—2017，依据综合评价附注的评分方法进行评价打分，包括单因子评价和综合评价。

4）地下水位分析模块

（1）水位变幅图：通过选择生成水位变幅图的监测孔及水位标高数据、设置插值方法等，平台可生成水位变幅图。用户可对变幅图进行编辑、保存到成果库、导出数据等操作。

（2）监测孔地下水位报表：根据用户选取的监测井编号、起始时间、终止时间、报表类型（日报表、5日报表等），平台可自动从数据库系统中提取地下水水位监测数据，生成水位统计报表，并在表格下端绘制水位变化曲线图。用户可以对报表内容进行编辑修改、保存、打印输出等操作。

（3）水位变化分区图制作：根据用户选定的比较年限、监测井序列、起始时间、目标时间等信息，通过各类插值算法和聚类分析方法，对数据序列进行插值、分类，最后形成水位变化分区图。用户可对水位变化分区进行编辑、保存到成果库、导出数据等操作。

（4）水位等值线：通过选择生成等值线的水位标高数据、设置插值方法等，平台可生成水位标高等值线。用户可对等值线进行编辑、保存到成果库、导出数据等操作。

（5）水位预测：基于数理统计的地下水位动态预测，主要是通过使用多元线性逐步回归分析法对影响水位变化的各类因子进行相关分析，从而优选出主要因子进行回归分析，进而预测水位的方法。逐步回归分析法是指运用回归分析原理并采用双检验的原则，逐步引入和剔除自变量而建立最优回归方程的方法。

（6）水位预警：水位下降幅度较大和已经形成水位降落漏斗的区域是需要重点关注的区域，对这些区域要进行预警。平台能够计算出水位预警所涉及的地区，水位预警区即水位变幅超过阈值和已经形成水位降落漏斗的重叠区域。

4. 地温场环境预警

1）地热开发利用预警

平台支持对地热井开发水量、水位、水温进行分析计算，通过设定阈值或开发利用环境完成地热预警分析。预警分析的结果可以简报的形式支持通过手机终端进行信息传送。

2）浅层地温能开发利用预警

平台可通过调用 TOUGH2 软件对开发过程中浅层地温场环境的变化趋势做出判断。分析获得的成果数据支持保存到地温场环境成果数据库进行管理与展示。

5.4.4　地下水环境监测预警服务

1. 地下水环境成果管理

1）地下水环境成果数据管理

地下水环境监测评价成果数据包括防污性能评价成果、污染荷载评价成果、水质评价成果、监测评价成果、污染风险成果、环境预警成果，以及地下水环境管理过程中的文档报表等资料数据。平台通过数据目录按照成果数据的类型、制作人、成果时间等成果图件属性进行管理。

2）地下水环境成果数据展示

平台支持对地下水环境成果数据的综合展示；支持不同成果图件数据的叠加展示；支持成果图件与成果报告等文档型数据的关联展示。

3）地下水环境数据查询统计

根据地下水环境成果数据特点，平台支持多种查询方法，包括基于属性字段查询功能、空间查询、组合查询等多种数据查询手段，满足不同用户对数据的查询获取需求。其中，基于空间图形的查询功能提供多种查询选择工具，包括矩形选择、多边形选择、画线选择、拾取线选择、拾取面选择、圆形选择、输入拐点坐标选择等，可以利用地图选择工具查询地图上空间对象的属性信息。

4）地下水环境成果数据评价分析

平台支持不同时期同类数据对比分析、同一时期相关数据叠加分析综合评价等。

5）地下水环境成果数据共享

平台生成的所有成果数据提供两种不同的共享机制，用户根据数据涉密级别、数据敏感程度等特点，可直接共享到共享平台上，或者形成数据共享包。

2. 地下水环境风险评价

1）防污性能评价模块

DRASTIC 模型将 7 个参评指标分别划分出 10 个级别。同一级别内各类指标赋予相同的评分值，以此来反映各项指标对地下水易污性的影响差异。分值越大代表地下水越容易受污染；反之，越不易受污染。基于 7 个参评指标的权重计算成果图件，依据给定的公式和权重，叠加计算出地下水天然防污性能评价成果图。

用户执行 DRASTIC 模型指标权重表的设置、各指标改进评分体系表设置及防污性能分区设置后,平台严格按照所设置的权重值、指标名称、评分体系中的各指标范围值、指标类型准备相应成果图件;导入图件并自动叠加区域底图后,平台执行 7 项指标叠加计算,即可生成地下水防污性能评价成果图及数据表。

2)污染荷载评价模块

地下水污染荷载是指各种污染源对地下水产生污染的可能性。污染源荷载等级计算需要综合考虑污染的可能性和污染的严重性两方面。根据城市范围内污染源的特征,利用层次分析法建立污染源荷载评价指标体系。

通过对地下水污染荷载指标(工业污染源、城市生活污染源、农业污染源、固体废弃物污染源及其他类污染源等)的评分表进行设置,根据用户自定义的评分表对应数值,相应导入对应的成果图件,平台可完成地下水污染荷载综合指数的计算并成图展示。

3)地下水水质评价模块(通用)

(1)水质分析模块:水质变幅图。通过选择生成水质变幅图的监测孔及水质监测数据、设置插值方法等,平台可生成水质变幅图。用户还可对变幅图进行编辑、保存到成果库、导出数据等操作。

监测孔地下水质报表。根据用户选取的监测井编号、起始时间、终止时间、报表类型(日报表、5 日报表),平台可自动从数据库系统中提取地下水水质监测数据,生成水质单项指标、综合指标统计报表,并在表格下端绘制水质变化曲线图。用户可以对报表内容进行编辑修改、保存、打印输出等操作。

水质变化分区图制作。根据用户选定的比较年限、监测井序列、起始时间、目标时间等信息,通过各类插值算法和聚类分析方法,对数据序列进行插值、分类,最后形成水质变化分区图。用户可对水质变化分区进行编辑、保存到成果库、导出数据等操作。

水质等值线。通过选择生成等值线的水质指标数据、设置插值方法等,平台可生成水质各单项指标或综合指标等值线。用户可对等值线进行编辑、保存到成果库、导出数据等操作。

(2)超标及检出计算评价:基于地下水相关标准、指标分类、检出限及超标限信息,对地下水样品中无机指标、有机指标进行检出计算和超标计算,可生成针对单层、单指标的有机、无机检出计算和超标计算成果图件。

(3)直接对比法地下水质量评价:在对样品各单项指标评价结果的基础上,对比单个样品中所有指标的评价分级,采用"从劣不从优"原则确定监测点的质量分级,以统计表、柱状图形式展示评价结果;将样品各指标与 GB/T 14848—2017《地下水质量标准》(根据项目需求支持自主选择标准)中的各指标限值进行对比,得出各指标级别,采用"从劣不从优"的原则,将样品中最差的指标级别作为该样品的水质等级。

(4)综合指数法地下水质量评价:根据单因子评价结果,确定单因子评价分值,根据公式计算样品综合分值及对应等级;选择 GB/T 14848—2017(根据项目需求支持自主选择标准),依据综合评价附注的评分方法进行评价打分,包括单因子评价和综合评价。

3. 地下水环境污染评价

1)污染风险模块

地下水污染风险性评价是综合考虑地下水天然防污性能评价结果、地下水污染荷载程度计算结果及地下水价值评价结果,并赋予每类要素一定的权重,将三类要素进行叠加计算评价。

2）环境预警模块

（1）变化趋势预测模块：通过建设灰色聚类理论、神经网络等数据模型，实现水质变化趋势预测。

（2）单点水质状态预警：提供对单个监测点水质现状状态预警功能。基于 GB/T 14848—2017《地下水质量标准》（根据项目需求支持自主选择标准）的基准值，采用均值综合指数法确定单个监测点的水质污染。选择样品、参与程度计算指标项及水质标准后，根据均值综合指数法进行单点预警计算判断，接着根据给定的预警值等级表生成单点水质预警信息，并叠加地理底图，以图形、列表展示单点预警的分布。

（3）区域水质状态预警：在完成单点状态预警之后，将单点预警状态点利用泛克里格法网格化，进行空间估计，给出空间上任一网格内水质预警状态（指单点状态，包括理想、良好、一般、较差、恶劣 5 种）。区域状态预警将依据各单点水质状态在空间上出现的概率来统计判断区域水质状态预警级别。获取单点水质状态预警信息，叠加区域边界底图，进行空间网格化及空间估计，依据区域水质状态预警判断公式，对区域水质状态预警结论进行图形展示。

（4）水质综合预警：基于前面实现的水质现状评价、水质变化趋势预测及水污染风险 3 项成果的叠加分析，依据给定的判断规则，可得出水质综合预警的结论。首先配置成果图导入规则，获取同一时间上的水质现状评价成果 GIS 图、水污染风险评价成果 GIS 图及水质变化趋势预测 GIS 图，然后配置综合预警规则并执行综合预警判断，最后展示综合预警判断结果图。

4. 地下水环境预警预报

平台可基于地下水监测数据建立数学统计模型，以实现对地下水环境的预警预报。系统后台有一个判断监测值、评价得到的成果数据是否报警的服务，当监测值或评价得到的成果数据达到预警值后，就会报警。预警信息以短信或者高亮显示的形式进行通知提示。

5.4.5　地质灾害监测预警服务

地质灾害监测预警服务主要面向政府职能部门提供网页数据展示浏览功能，并提供少量数据统计分析功能。可实现监测设备信息服务、隐患监测点信息服务、灾害隐患点信息服务、空间数据信息服务、监测数据信息服务、预警信息查询展示。该服务有利于促进地质环境网络的形成和完善，有利于增强地质环境监测机构多目标的服务能力。

1. 监测设备信息服务

该服务对各种野外数据采集设备（倾斜传感器、位移传感器、降水传感器、力学传感器）的属性信息进行管理维护，包括监测设备信息查询及报表的生成。

2. 隐患监测点信息服务

该服务针对某个具体的监测点，可进行信息（编号、名称、位置描述、经度、纬度、照片）修改、信息查询统计，并可生成报表。

3. 灾害隐患点信息服务

崩塌灾害隐患调查表是进行野外调查时采用的调查表格，记录了灾害点的资料，一灾一表，可以形成完整的监测路段地质灾害数据。其数据包括每一段线路、每一灾害点的调查信息、用数码相机对地质灾害点进行拍摄存档的照片等，用于详细掌握拟监测危岩体的现场分布情况。平台提供对灾害隐患点数据的查询、定位、统计等功能。

4．空间数据信息服务

空间数据管理模块主要实现对崩塌监测相关的矢量、栅格等各类基础空间数据、专业空间数据进行查询统计。

5．监测数据信息服务

1)位移(裂缝)数据服务

位移数据是每一个已经安装的位移传感器设备采集的监测数据。平台可对已经入库的位移设备监测信息实现位移数据查询统计并生成报表。

2)雨量数据服务

雨量数据是每一个已经安装的降水传感器设备采集的监测数据。平台对已经入库的雨量设备监测数据可实现雨量数据查询统计并生成报表。

3)危岩体倾斜数据服务

危岩体倾斜数据是每一个已经安装的倾斜传感器设备采集的监测数据。平台对已经入库的倾斜设备监测数据可实现倾斜数据查询统计并生成报表。

4)拉力数据服务

拉力数据是每一个已经安装的拉力传感器设备采集的监测数据。平台对已经入库的拉力设备监测数据可实现拉力数据查询统计并生成报表。

6．预警信息查询展示

平台对于已经存在于库中的历史预警信息,可以进行条件查询操作,主要包括拉力预警信息查询、裂缝位移预警信息查询、倾斜度预警信息查询、雨量预警信息查询。

7．地面沉降监测信息服务

地面沉降监测信息服务可实现对城市主要地质灾害监测点信息、地面沉降监测点位置信息及相关监测成果数据的发布。通过上述信息的发布。政府部门可以快速获取城市地面沉降信息的点位信息与属性信息,以及其影响地面沉降发生的诱发条件,为政府部门进行合理城市规划提供数据支撑。

5.4.6 地质资源环境应急服务

1．应急信息管理服务

该服务对地下水、土壤、地灾等应急事故的监测点、事件定位点、应急人员、值班信息、应急避险信息、应急设备信息等应急信息进行管理分析,查询结果以数据表或信息卡片的方式显示。

2．应急信息查询统计

平台可根据案例名称、发生时间、发生地点、案例类型等关键词进行案例查询统计,在地图上投点显示查询统计案例点,并生成案例信息表(表5-9),还可以查看案例事件描述的附件文档。

3．地质环境应急信息管理

1)地下水环境信息管理

平台通过制作地下水环境信息卡,显示地下水污染的各类信息。对地下水水源地信息、污染物类型、影响规模、发生原因、处置方法等进行分类,提供地下水污染的基本解决流程示意图。

表 5-9　案例信息表

名称	存储信息
案例表	编号、事件名称、事件简介、发生地点、发生时间、影响人数、发生原因、主要污染物类型、处置方法
发生时间	编号、发生时间、发生时间段
发生地点	编号、发生地点
发生原因	编号、发生原因(如工业排污、交通事故、泄漏等)
处置方法	编号、处置方法(如被动收集法、围油栏法、吸附法等)
主要污染物类型	编号、污染物类型(如重金属污染、有机物污染、微生物污染)
对环境的影响	编号、对环境影响(如环境友好型)

2)土壤地质环境信息管理

平台通过制作土壤地质环境信息卡,显示土壤地质环境污染的各类信息和污染场地分布区域信息。

3)地质灾害信息管理

平台通过制作地质灾害信息卡,显示采空塌陷地表变形、采空塌陷、矿坑突水、岩溶塌陷、崩塌、滑坡、泥石流、地裂缝等地质灾害危险等级,以及地质灾害发生点定位信息。

4)地面沉降地质安全信息管理

平台可实现对地面沉降地质安全信息包括各类型监测设备实时数据、地面沉降地质安全隐患点、动态监测数据、地面沉降地质安全监测预警成果数据、分析评价数据等的管理与分析。

4. 应急避险信息管理

平台可对应急避险策略、应急避险路线、应急避险场所等信息进行维护和管理。

5. 应急值班信息管理

平台可创建应急值班信息卡,包含的信息有:应急事件发生时间地点、应急值班人员名单、应急值班时间段、应急事件通报时间、应急事件解决结果等信息。

6. 应急设备信息管理

平台可对不同类型的应急事故创建对应的应急设备信息卡,提供设备类型、设备型号、设备所属单位、设备名称、设备应用方向、设备存储数量、设备存放地点、设备状态(可用、已调出、调出数量)、设备调用记录、设备管理员及其联系方式等信息。

7. 应急人员信息管理

平台可对事件监测人员、分析人员、事件处置人员及专项专家等各类应急人员进行信息统计。

8. 应急预案管理服务

在应急事件处理完毕后,平台可对应急事件的发生时间、地点、起因、处理措施、过程和结果,事件潜在或间接的危害、社会影响、处理后的遗留问题,参加处理工作的有关部门和工作内容、专家科学评估结果、生态环境修复建议等信息进行整合备案存档,还可增加事故简介等信息,并即时存储完整的预案信息。平台提供自动生成事件案例报告文档功能,并支持手动修改。

1)地下水污染预案

事故发生后,平台可根据预警信息进行快速预案,确定事故编号、事故名称、危险源、事故类型、事故影响范围等基本信息,根据等级评价模型计算污染等级,并根据基本信息及模型库中的评价计算模型确定地下水污染处置方法。最终生成的应急预案可供决策部门及时参考。

2）土壤污染预案

土壤污染事故发生后,平台可根据预警信息进行快速预案,确定事故编号、事故名称、危险源、事故类型、事故影响范围等基本信息,根据等级评价模型计算土壤污染等级,并根据基本信息及模型库中的评价计算模型确定土壤污染处置方法。最终生成的应急预案可供决策部门及时参考。

3）重大线性工程预案

重大线性工程灾害事故发生后,平台可根据预警信息进行快速预案,确定事故编号、事故名称、危险源、事故类型、事故影响范围等基本信息,根据等级评价模型计算污染等级,并根据基本信息及模型库中的评价计算模型确定事故处置方法。最终生成的应急预案可供决策部门及时参考。

4）其他地质灾害预案

平台可提供专家或者其他技术人员对生成的预警信息进行修改修正功能,记录修改原因,并提供对相关图、表的修改、整饰功能;可自动统计不同预警区内的隐患点、灾害类型、灾害规模、威胁对象、威胁人数、户数等,统计结果能够生成多种样式的统计图表,并支持直接导出。

9. 专家辅助决策服务

1）指标体系及决策模型建设

如果要建设地下水资源的应急体系,首先需要建立一套能够把地下水资源供水各影响要素进行量化的评价指标体系,结合不同层次的突发事件应急级别,进行应急供水水源地的评价,以指导城市应急供水及水源工程建设。同理,建设土壤地质环境应急体系和地质灾害应急体系,也需要建立相关的评价指标体系,结合不同层次的突发事件应急级别,进行应急事件的评价。建设流程如下:①建立事故危害特性诊断方法;②构建应急事件判别指标体系;③构建事件应急处置技术筛选评价指标体系。

平台采用权重确定方法,对应急事件处置技术筛选评价指标集合中各个指标的重要性进行评分,并按照各指标的权重大小进行排列;采用层次分析法确定指标的权重,并采用专家打分法对事件等级进行等级评价。

2）应急方案生成

结合平台信息查询功能可得应急事故的基本信息、事故情况等结果,自动生成初步应急报告,形成包含事故类型、事故名称、事故发生地点和时间、理化性质、事故原因、事故现场信息,相应可采取的监测、控制、处置方法,相关监测分析、处置人员与专家,以及所需设备、物资、相关案例等信息的事故参考处置方案。根据参考方案管理指挥人员制定决策,并迅速安排相关专业监测、分析、处置的人员与专家进入状态,调配所需设备、物资,进行监测、分析及事故初步控制和处理,及时将实时信息等反馈。根据反馈的监测等信息,进行污染扩散模拟,并根据最新情况修改事故处置方案,方案经过相关专家进一步分析,得到详细、具体的最终处置方案。

3）辅助决策方案生成

平台借助相关的技术单位(环保局、监测站、水文气象部门等)、职能部门(交警、公安、消防、医疗卫生等)及相关专家(化工、环保专家等)等指导应急处置工作,可为应急指挥决策提供科学建议。应急状态时,相关人员和专家负责对环境事态进行分析、评估,以及对突发事故的危害范围、发展趋势做出科学预测,并对应急处置方案提出建议,供领导决策参考;参与对事故危害程度、危害范围、事件等级的判断,对重大防护措施的决策提供技术依据;指导各应急分队进行应急处理与处置;指导事故应急工作的评价,进行事故的中长期环境影响评估。

所需专家方向包括:化工、环保、工程(机械、化工设备)、消防、安全等方面的专家。

10. 应急指挥决策服务

平台通过预警预测、专家辅助及应急信息管理功能确定应急方案,通过地图拨打电话、发送短信及视频会商发布应急决策。

1)应急会商视频接入

平台设置应急会商视频接口,点击或输入会商对方 IP 地址,可实现远程会商和视频会议。

2)应急指挥

平台通过将应急方案及决策成果推动到城市应急指挥中心,方便向下发布应急决策信息并及时处理相关事故。

第6章 结 语

建设城市地质信息服务势在必行。与发达国家相比,中国的 GIS 技术应用存在很大的发展空间,而城市地质信息服务的发展,尚需政府、企业、用户三方面的共同努力。

城市地质信息服务的基本功能目标是:能进行地下多源异构空间数据的存储、管理、提取、传输与交叉访问,实现地下空间结构与关系的表达、分析和过程的三维可视化,支持政府决策并开展相关领域的信息社会化服务。城市地质信息服务建设应纳入"数字国土"工程和"数字城市"工程的统一规划中:一方面,借鉴地矿点源信息服务的设计思路与方法,研发并建造主题式的城市自然资源基础数据服务,以及相关的"自然资源综合管理""城市建设地基管理""水资源利用动态管理""地矿资源管理""地矿资源开发利用管理""地震灾害精细区划管理"等决策支持系统和服务应用系统;另一方面,运用"多 S"等集成技术、联邦数据库技术、数据仓库技术、三维可视化技术和计算机网络技术,将已有的和新建的多源异构数据库、图形库、知识库、方法库、模型库与管理系统、决策系统及用户接口等集成在一起。在具体设计时,可以将客户机-服务器(C/S)结构、浏览器-服务器(B/S)结构结合起来,便于多源数据格式转换模式、直接数据访问模式和数据互操作模式的实现。

结合 GIS 技术和现代物联网、移动办公技术,可实现地下空间勘查、地下空间监测、地下空间评价全流程的数字化、可视化、自动化与智能化管理。通过部署野外信息化工作设备,全面提高地下空间勘查的信息化水平;通过建立专业级业务管理系统,全面提升基层地下空间业务单位与地质矿产勘查开发局主管业务处室之间业务过程文件、业务成果的流转、批复、审核、归档效率,为地下空间中心等管理部门进行资源开发利用规划提供决策支撑和办公辅助。其主要包括:建立地下空间资源调查数据库,有效、统一地管理地下空间监测数据、成果数据;实现专业图件绘制与编辑;实现地下空间地质安全三维结构模型、属性模型的构建与综合展示;提供地下空间利用基础条件分析、约束条件分析、适宜性分析等评价分析模型;实现资料检索、共享发布。

由于城市地质信息系统涵盖的专业较广,在强调了不同专题差异性的同时,还需要发挥其综合性的优势,因此,需要不同专业技术人员和研发人员密切配合,在各司其职的基础上加强沟通。随着时间的推移,数据也需要更新,故需要建立相应的持续更新机制,为城市地质信息系统提供源源不断新的数据资料。城市地质信息系统建设包括:

(1)加强和完善地质信息资料服务的建立,将现有数据资料建立数据库系统。

(2)整合各信息服务数据库,对于数据格式、类型等进行规范,完成数据库的关联和共享。

(3)加强政府各相关部门的合作,共同完善数据库建设。

(4)成立专有工作小组负责城市地质信息服务的维护和权限管理等使用工作,定期形成各种检测、大数据分析、实时监测等报告,为城市建设和管理提供合理依据,充分发挥其实用和科学性。

当前建设任务包括:

(1)实现各省地质矿产勘查开发局安全接入本省电子政务外网,满足各省地质矿产勘查开发局人员访问本省电子政务外网(含本省电子政务公共服务云)信息服务资源的办公需求。在各省地质矿产勘查开发局完成安全局域网系统及互联网接入建设;各省地质矿产勘查开发局机关及各局属单位通过互联网连接到本省电子政务公共服务云服务,由本省电子政务公共服务云服务为局机关及各局属单位固定工作场所的办公人员,以及差旅途中的移动办公人员提供电子政务外网接入服务,实现对电子政务外网业务系统和信息资源的安全、便捷、高效访问。

(2)建设面向政府部门的政务服务门户与业务应用系统。其中,电子政务外网应用系统包括:政务服务门户、地质矿产信息共享服务系统、基础地质调查信息服务、金矿勘查信息服务、铁矿勘查信息服务、煤矿勘查信息服务、有色金属矿产勘查信息服务、非金属矿产勘查信息服务、非传统矿产资源勘查信息服务、地热资源勘查信息服务、浅层地温能勘查信息服务、水文地质勘查信息服务、工程地质勘查施工信息服务、环境地质勘查信息服务、城市地质勘查信息服务、农业地质勘查信息服务、海洋地质勘查信息服务、旅游地质勘查信息服务、重点经济规划区带地质环境评价信息服务、地质环境监测信息服务、地质科技信息服务、省外境外地质矿产勘查信息服务、安全生产综合管理等系统的建设。

(3)建设公众服务门户与业务应用系统。其中,互联网应用系统包括:基础地质信息查询系统、地质科普知识服务系统、矿产资源信息查询系统、地热资源信息查询系统、水文地质信息查询系统、工程地质信息查询系统、环境地质信息查询系统、城市地质信息查询系统、农业地质信息查询系统、海洋地质信息查询系统、旅游地质信息查询系统、地矿移动应用程序等系统。

参考资料

陈勇,刘映,杨丽君,等,2010.上海三维城市地质信息系统优化[J].上海地质,31(3):23-28.

代正兵,袁梦娜,2017.地质调查与地质灾害治理在城建中的作用[J].山东工业技术,(20):239.

冯彦韬,2018.城市高铁站区域地下空间规划设计研究[J].建材与装饰,(44):74-75.

傅俊鹤,郝社锋,邹霞,2011.杭州市城市三维地质信息管理与服务系统的构建[J].地质学刊,35(1):50-56.

高春君,2018.城市园林绿化中海绵城市技术的应用分析[J].现代园艺,(19):201.

高慧莉,汪寅夫,何姗梦,等,2018.关于农业地质调查成果推广应用的几点思考[J].现代盐化工,(4):92-93.

龚健雅,夏宗国,1997.矢量与栅格集成的三维数据模型[J].武汉测绘科技大学学报,(1):7-15.

郭艳军,潘懋,王喆,等,2009.基于钻孔数据和交叉折剖面约束的三维地层建模方法研究[J].地理与地理信息科学,25(2):23-26.

郝晋伟,李建伟,刘科伟,2012.基于GIS的中心城区空间管制区划方法研究:以岚皋县城中心城区为例[J].规划师,28(1):86-90.

胡华望,杜遂,2018.特大城市地下管线综合规划编制要点探讨[J].给水排水,44(11):99-102.

胡建武,吴信才,宋利好,等,2003.环境地理信息系统中异构数据库的设计[J].吉林大学学报(信息科学版),21(1):61-64.

姜亚莉,张延辉,2018.珠海市地下空间开发利用研究[J].中国经贸导刊,(32):23-24.

李德仁,李清泉,1997.一种三维GIS混合数据结构研究[J].测绘学报,26(2):128-133.

李枫,张勤,2012."三区""四线"的划定研究:以完善城乡规划体系和明晰管理事权为视角[J].规划师,28(11):29-31.

李君浒,杨祝良,杨献忠,2012.论城市地质工作对城市可持续发展的重大意义:以南京城市地质调查项目为例[J].生态经济,28(2):161-165.

李敏捷,龚德书,2015.基于GIS的城市工程地质信息系统发展现状与展望[J].城市勘测,(3):161-164.

李晓军,刘雨芯,2016.城市地下空间信息化模式探讨[J].地下空间与工程学报,12(6):1431-1438.

李玉辉,2006.地质公园研究[M].北京:商务印书馆.

刘晓丽,刘佳福,龚威平,等,2011.基于遥感与GIS技术的省域城镇体系规划动态监测研究:以吉林省为例[J].规划师,27(10):81-86.

刘修国,陈国良,候卫生,等,2006.基于线框架模型的三维复杂地质体建模方法[J].地球科学,31(5):668-672.

刘修国,朱良峰,尚建嘎,等,2005.面向城市地质信息平台的3维技术研究[J].地理信息世界,3(2):26-30,35.

刘映,尚建嘎,杨丽君,等,2009.上海城市地质信息化工作新模式初探[J].上海地质,30(1):54-58.

刘志鹏,2015.地质勘查在水利工程中的作用分析[J].科技创新与应用,(16):195.

柳文广,郑志强,周国华,等,2018.福州城市地质调查成果在城市发展中的应用[J].福建地质,37(2):157-164.

吕广宪,潘懋,吴焕萍,等,2007.面向真三维地学建模的海量虚拟八叉树模型研究[J].北京大学学报(自然科学版),43(4):496-501.

欧阳一星,王健,2018.城市新区建设中地下空间的规划设计[J].北京规划建设,(5):111-115.

潘懋,方裕,屈红刚,2007.三维地质建模若干基本问题探讨[J].地理与地理信息科学,23(3):1-5.

彭文,2016.浅谈城市地质信息系统的构建与管理:以厦门为例[J].中国水运(下半月),16(12):79-81,102.

屈红刚,潘懋,吕晓俭,等,2008.城市三维地质信息管理与服务系统设计与开发[J].北京大学学报(自然科学版),44(5):781-786.

渠旭梅,2017.环境保护责任下的企业自治与政府监管[J].企业管理,(9):115-117.

容东林,尚建嘎,甘地,2016.城市三维地质信息系统建设统一过程方法与实践[J].地质科技情报,35(1): 212-217.

尚建嘎,刘修国,2006.城市地质领域三维空间信息系统的开发研究[J].华中科技大学学报(城市科学版),(增刊1):172-175.

石培基,马泓芸,程华,2008.国家地质公园科技旅游开发研究:以景泰黄河石林为例[J].开发研究,(2): 153-156.

宋扬.2004.基于矢量栅格一体化的三维空间数据生成和组织[D].北京:北京大学.

汪寅夫,何姗梦,高慧莉,等,2018.农业环境地质问题研究[J].现代盐化工,(4):126-127.

王清利,常捷,张吉献,2003.地质旅游资源分类及开发利用初探[J].河南大学学报(自然科学版),33(2): 63-66.

王庆苗,陈国强,姚翔飚,等,2006.淮河流域水利工程地质信息系统建设探讨[J].中国水利,(15):49-51.

王占刚,潘懋,王斌,2008.三维多元地学数据一体化显示框架设计[J].计算机工程与应用,44(19):72-86.

吴冲龙,牛瑞卿,刘刚,等,2003.城市地质信息系统建设的目标与解决方案[J].地质科技情报,22(3):67-72.

吴春霞,2016.福州城市地质信息服务应用拓展研究[J].福建地质,35(3):216-225.

吴立新,史文中,2005.论三维地学空间构模[J].地理与地理信息科学,21(1):1-4.

吴贤图,2017.矿山地质生态环境问题及其防治对策探讨[J].中国高新技术企业,(3):86-87.

吴信才,2009.数据中心集成开发技术:新一代 GIS 架构技术与开发模式[J].地球科学,34(3):540-546.

吴信才,2010.新一代"数字城市"集成开发平台[J].地球科学,35(3):331-337.

吴自兴,潘懋,屈红刚,等,2008.城市地质领域信息管理与服务系统体系结构[J].计算机工程,34(22): 247-249.

武强,徐华,2004.三维地质建模与可视化方法研究[J].中国科学(D 辑),34(1):54-60.

邢立文,董娟,2018.城市雨水管理与海绵城市综述[J].山西科技,33(6):23-24,29.

熊书林,2018.分析水文地质因素对地质灾害的影响[J].能源与环境,(4):94-95.

徐秋晓,孙斌,李常锁,等,2018.济南城市四维动态地质信息系统构建研究[J].山东国土资源,34(10): 115-119.

严学新,杨建刚,史玉金,等,2009.上海市三维地质结构调查主要方法、成果及其应用[J].上海地质,30(1): 22-27.

姚梦辉,刘军旗,封瑞雪,等,2018.地质灾害信息存储技术及检索方法[J].计算机系统应用,27(6):209-213.

张凌云,2018.2018海绵城市建设国际研讨会在西安召开[J].新西部,(9):96.

郑坤,侯卫生,刘修国,2006.城市三维地质调查数据库[J].地球科学,31(5):678-682.

朱雷,潘懋,李丽勤,等,2006.GIS 中海量栅格数据的处理技术研究[J].计算机应用研究,23(1):66-68.

朱良峰,吴信才,刘修国,2004.3D GIS 支持下的城市三维地质信息系统研究[J].岩土力学,25(6):882-886.

GALLERINI G,DE DONATIS M,2009. 3D modeling using geognostic data:the case of the low valley of Foglia River (Italy)[J]. Computers & Geosciences,35(1):146-164.

GUDIVADA V N,RAGHAVAN V V,GROSKY W I,et al,1997. Information retrieval on the world wide web [J]. IEEE Internet Computing,1(5):58-68.

KAGAWA T,2004. Modeling of 3D basin structures for seismic wave simulations based on available information on the target area:case study of the Osaka Basin,Japan[J]. Bulletin of the Seismological Society of America,94(4):1353-1368.

KAUFMANN O,MARTIN T,2008. 3D geological modelling from boreholes,cross-sections and geological maps,application over former natural gas storages in coal mines[J]. Computers & Geosciences,34(3): 278-290.

KESSLER H,MATHERS S,SOBISCH H G,2009. The capture and dissemination of integrated 3D geospatial knowledge at the British Geological Survey using GSI3D software and methodology[J]. Computers & Geosciences,35(6):1311-1321.

MARACHE A,BREYSSE D,PIETTE C,et al,2009. Geotechnical modeling at the city scale using statistical and geostatistical tools:the Pessac case (France)[J]. Engineering Geology,107(3/4):67-76.

MING J,PAN M,QU H G,et al,2010. GSIS:a 3D geological multi-body modeling system from netty cross-sections with topology[J]. Computers & Geosciences,36(6):756-767.

QI Y Q,NI W H,SHI K R,2015. Game theoretic analysis of one manufacturer two retailer supply chain with customer market search[J]. International Journal of Production Economics,164:57-64.

ROBINS N S,RUTTER H K,DUMPLETON S,et al,2005. The role of 3D visualisation as an analytical tool preparatory to numerical modelling[J]. Journal of Hydrology,301(1-4):287-295.

SALTON G,WONG A,YANG C S,1975. A vector space model for automatic indexing[J]. Communications of the ACM,18(11):613-620.

TU T,O'HALLARON D R,LÓPEZ J C,2004. Etree:a database-oriented method for generating large octree meshes[J]. Engineering with Computers,20(2):117-128.

TURNER A K, 2006. Challenges and trends for geological modelling and visualisation [J]. Bulletin of Engineering Geology and the Environment,65(2):109-127.

WU Q,XU H,ZOU X K, 2005. An effective method for 3D geological modeling with multi-source data integration[J]. Computers & Geosciences,31(1):35-43.